AF463378

HISTOIRE NATURELLE

DES

PUNAISES DE FRANCE

HISTOIRE NATURELLE

DES

PUNAISES DE FRANCE

PAR

E. MULSANT ET C. REY

Présentée à la Société linéenne de Lyon, le 11 février 1878

SIXIÈME TRIBU

LES LYGÉIDES

CARACTÈRES. *Antennes* insérées au-dessous d'une ligne dirigée du milieu des yeux au bout de l'épistome; de quatre articles : le dernier au moins aussi épais que le 3e ou subfusiforme. *Tête* triangulaire, sans rebord, sans étranglement au devant des yeux. *Pronotum* ordinairement marqué d'une ligne transversale. *Écusson* triangulaire ou subtriangulaire; non prolongé jusqu'à la moitié du corps. *Hémiélytres* composées d'une endocorie *(clavus)*, d'une corie (réunion des mésocorie et exocorie) et d'une membrane : celle-ci ordinairement chargée au plus de cinq nervures longitudinales (excepté chez les Pyrrhocoris) : la membrane parfois nulle ou rudimentaire. *Bec* ordinairement de quatre articles, non arqué à la base, appliqué, dans le repos, sur le dessous de la tête et du corps. *Ventre* de six arceaux visibles, non compris l'arceau anal. *Stigmates* situés tous sur la gouttière submarginale *(convexium)*. *Tarses* de trois articles. *Corps* plus ou moins allongé ou ovalaire ; de consistance coriace.

Nous subdivisons les premières *Lygéides* en deux familles :

A. *Ocelles* nuls. *Membrane* à nervures nombreuses. . . . PYRRHOCORIENS.

AA. *Ocelles* existants. *Membrane* à 5 nervures au plus. . . . LYGÉENS.

PREMIÈRE FAMILLE

LES PYRRHOCORIENS

CARACTÈRES. *Ocelles* nuls. *Antennes* à 1er article dépassant la partie antérieure de la tête de la moitié de sa longueur. *Pronotum* souvent sans fossette au côté interne de l'angle huméral. *Endocories (clavus)* distinctes. *Cories* chargées de nervures non ou à peine prolongées jusqu'à eur extrémité. *Membrane* parfois nulle, ou, quand elle existe, pourvue de deux ou trois aréoles basales, suivies de nombreuses nervures longitudinales ou s'anastomosant. *Orifices* odorifiques nuls ou indistincts. *Arceaux du ventre* en partie dirigés d'une manière sinueuse, vers le bord marginal. *Segment anal* non en angle dirigé en devant chez la ♀.

Cette famille est réduite au genre suivant :

Genre *Pyrrhocoris*. PYRRHOCORE, Fallen.

FALLEN, Dissert. acad. (1814), p. 9 (1).

CARACTÈRES. *Ocelles* nuls. *Antennes* à peu près aussi longues que la moitié du corps ; de quatre articles : le 1er, en massue allongée, à peu près aussi long que la tête, dépassant le bord antérieur de celle-ci, de la moitié au moins de sa longueur : les 2e et 3e filiformes : le 2e le plus long de tous : le 4e subfusiforme, plus long que le 3e. *Tête* triangulaire, plust large à sa base, y compris les yeux, que longue sur sa ligne médiane *Yeux* semi-globuleux, contigus au bord antérieur du pronotum. Celui-ci trapézoïde, élargi d'avant en arrière, plus large à la base que long sur son milieu ; souvent sans fossette au côté interne de l'angle huméral ; presque en ligne droite postérieurement ; sans traces ou presque sans traces de l'angle postérieur plus ou moins marqué chez les Pentato-

(1) *Specimen novum Hemiptera disponendi methodum exhibens*; *Resp. magnus Rhode* 1814), petit in-4.

miens. *Écusson* obtriangulaire. *Hémiélytres* voilant à peu près la tranche de l'abdomen. *Endocorie* à peine élargie d'avant en arrière. *Membrane* parfois nulle ou rudimentaire ; pourvue, quand elle est développée, de deux ou trois cellules basilaires et de nervures longitudinales ou s'anastomosant. *Dessous de la tête* non sillonné jusqu'à sa base. *Bec* de quatre articles : le 1er atteignant ou à peine le bord antérieur de l'antépectus. *Médi* et *postpectus* chargés d'une faible carène médiane. *Bord postérieur* des postpectus en ligne transverse droite. *Cuisses* antérieures renflées, souvent munies en dessous de petites épines. *Premier article des tarses postérieurs* au moins aussi long que les deux suivants réunis. *Corps* ovale-oblong ou suballongé.

Tableau des espèces :

A. *Cuisses antérieures* munies en dessous de petites épines. Jambes inermes.

(S.-g. *Pyrrhocoris*).

a. *Cories* rouges, marquées d'un ou de 2 points noirs.

b. *Cories* rouges, marquées d'un point discal et d'une petite tache près des épaules, noirs : la mésocorie arrondie à son angle postéro-interne. *Ventre* noir, bordé de rouge. . . . . APTERUS.

bb. *Cories* rouges, en ligne oblique régulière, depuis l'angle postéro-interne jusqu'à l'angle postéro-externe; marquées d'un gros point discal noir. *Ventre* rouge, marqué de taches transverses noires, près le bord marginal. . . . . AEGYPTIUS.

AA. *Cuisses antérieures* renflées, inermes. Jambes antérieures denticulées en dessous.

(S.-g. *Nariobis*).

aa. *Cories* noires, avec le bord externe blanc. *Prosternum* noir, extérieurement bordé de blanc. . . . . MARGINATU

1. **Pyrrhocoris apterus**, Poda.

Tête et antennes noires. Pronotum rouge dans tout son pourtour, marqué vers les trois cinquièmes de sa longueur, d'un sillon transverse ; chargé, au devant de celui-ci, d'une bande transverse et tumescente, noire ; marqué, après le sillon, d'une bande transverse, noire, parfois réduite à deux taches plus ou moins faibles. Écusson et endocories noires. Cories rouges, marquées d'une petite tache près de l'épaule, d'une tache discale subarrondie, et d'un bord postérieur, noirs. Membrane noire, souvent nulle. Ventre noir. Côtés et bord postérieur du dernier segment rouges. Pieds noirs.

♂ *Arceau anal* convexe, transverse, entier.

♀ *Arceau anal* en demi-cercle, fendu dans son milieu.

Cimex apterus. PODA, Ins. Mus. Gr. p. 58, 18. — SCOPOL. Ent. Carn. p. 117. 370. — LINN. Syst. Nat. I. II, p. 727, 78. — *Id.* édit. MULLER, t. V, p. 497, 78. — *Id.* édit. GMEL, Syst. Nat. 1, IV, p. 2172, 78. — DE GEER, Mem. t. III, p. 276, 20. — FAB. Syst. Entom. p. 721, 213. — *Id.* Spec. Ins. t. II, p. 366, 169. — *Id.* Mant. Insect. t. II, p. 301, 222. — FUESSLY, Schweiz. Ins. p. 76, 504. — SULTZ, Geschich, p. 97, pl. 10, fig. 14. — GOEZE, Entom. Beitr. t. II. p. 213, 78. — FOURCR. Ent. Par. p. 198, 11. — DE VILLERS, Entom. t. I, p. 314, 112. — BRAHM, Ins. Kal. p. 10, 38. — ROSSI, Faun. Etr. t. II, p. 1322 — *Id.* édit. Helwig. p. 382, 1322. — TIGNY, Hist. Nat. t. IV, p. 279, fig. 5.

La punaise rouge des jardins, GEOFFR. Hist. abr. t. I, p. 440, 1.

La punaise sociable, STOLL, Cigales et Punaises, pl. 15, fig. 103.

Lygaeus apterus, FABR. Ent. Syst t. IV, p. 165, 162. — *Id.* Syst. Rhyng, p. 227, 116. — WOLFF, Icon. Cimic. p. 108, 102, pl. XI, fig. 102. — HAUSM. *in* ILLIG. Mag. t. I, p. 229. — WALCK, Faun. Par. t. II, p. 344, 3. — LATR. Hist. Nat. t. XII, p. 215, 10. — *Id.* Gen. t. III, p. 122. — *Id.* Regn. animal. (1817), t. III. p. 290. — *Id.* (1829). — *Id.* édit. MASSON, t. XIII, p. 38. — LAMARCK, Anim. s. vert. t. III. — LEPELLETIER et SERVILLE, Faun. franç. pl. 5, fig. 3.

Pyrrhocoris apterus, FALLEN, Dissert. acad. Nov. Hemipt. disp. Meth. resp. Rhod. (1814), p. 9, 8. — BURMEIST. Handb. t. II, p. 286, 12. — L. DUFOUR, Mem. de l'Institut, savants étrangers, t. IV, p. 170, — AMYOT et SERVILLE, Hémipt. p. 269. — FLOR, Rhyng. Livl. t. I, p. 212, 1. — JOUGLAS et SCOTT. Brit. Hemipt. p. 164, 1. — STAOL, Acad. de Stockholm. Lyg, Eur. — HERR. SCH. Nom. Ent. t. I, p. 43. — ASSMANN, Hemipt. (1854), p. 58, 1. — DOHRN, Catal. (1859), p. 36. — BAERENSPR., Catal. (1860), p. 8. — BELLEVOYE, Gatal. (1866), p. 16. — PUTON, Catal. (1869). — *Id.* (1875), p 27. — LETHIERRY, Catal. (1869), p. 27. — WALKER, Hem. Brit. Mus, part. V, p. 167. 1. — PUTON, Lyg. 81, 2.

Pyrrhocoris calmariensis, FALLEN, Suppl. Cim. Suec. p. 6. — *Id.* Hemipt. Suec. p. 45. — THOMS, Skand. Ins, p. 113, 1.

Platynotus apterus, SCHILLING, Beit. (1829), p. 57, 1. — HAHN, Wanz. t. III (1831), p. 19, pl. 3, fig. 11. — AMYOT et SERVILLE, Hémipt. (1843), p. 269, 1. — KOLENAT. Melet. Ent. t. II (1847), p. 59, 32.

Astemma apterum, SPIN. Essai, p. 178, 1.

Astemma aptera, BLANCH. Hist. des Ins. p. 129. pl. 5, fig. 1.

Astemma apterus, LEPELLET. et SERV. Encyc. Meth. — BRULLÉ, Hist. Nat. t. IX (1836), p. 383.

Megunotus apterus, LAPORTE, Essai d'une classific. (Mag. de Zool. de Guérin, p. 38.

Pyrrhocoris, AMYOT, Rhynch. 166, 177.

Long. 0^m,0100 à 0^m,0110 (4 1/2 à 5 l.); — larg. 0^m,0045 (2 l.).

Oblongue, graduellement élargie jusqu'à la moitié de la longueur du corps. *Tete* noire; assez finement ponctuée. *Antennes* prolongées jusqu'à la moitié du corps; noires; garnies de poils fins; à 4e article garni souvent d'un duvet blanchâtre; plus long que le 3e. *Pronotum* bordé de rouge en devant, sur les côtés et à son bord postérieur; marqué vers les trois cinquièmes de sa longueur, d'un sillon transverse; chargé au devant de ce sillon, d'une bande transverse lisse, tumescente, noire, n'atteignant pas les bords latéraux; marqué après le sillon, d'une bande ransverse, noire, fortement ponctuée, parfois réduite à deux taches plus ou moins faibles. *Écusson* en triangle subéquilatéral, à côtés droits; presque lisse, ou faiblement ponctué. *Endocories* noires. *Cories* rouges, marquées d'une petite tache noire près de l'épaule, d'un gros point ou tache arrondie, sur le disque, noirs, avec le bord postérieur liséré de noir. *Membrane* noire, souvent nulle ou rudimentaire, et ne couvrant pas alors la partie postérieure de l'abdomen. *Dessus de l'abdomen* noir, avec la tranche rouge. *Bec* noir; à 4e article plus court que le 3e; prolongé jusqu'aux pieds intermédiaires. Extrémité de l'épistome ou *base du labre* et pièces prébasilaires, rouges. *Poitrine* noire : bords antérieur, latéral et postérieur de l'antépectus, bords antérieur et postérieur des médi et postpectus, rouges. *Repli de l'exocorie* rouge. *Ventre* noir, avec les côtés et le bord postérieur du dernier arceau, rouges. *Hanches* rouges. *Pieds* noirs : cuisses antérieures munies en dessous de petites épines, plus prononcées chez le ♂. Jambes antérieures inermes.

Cette espèce est commune partout. On la trouve surtout au pied ou près du pied des arbres, et souvent en grand nombre.

Elle offre quelques variations :

b. La *bande postérieure* du pronotum est parfois réduite à deux taches plus ou moins faibles ou presque nulles.

c. La *membrane* est souvent nulle ou rudimentaire.

d. Les *cuisses antérieures* ou parfois *médiaires*, et partie au moins des jambes quelquefois d'un rouge pâle ou sale.

Suivant L. Dufour, le canal digestif est un peu plus large que celui des Pentatomes et des Corées.

Il y a dans le Pyrrhocore, deux vésicules biliaires sphéroïdales, insérées, l'une à droite, l'autre à gauche de l'extrémité supérieure du ventricule chylifique, justement entre les utricules vestigiaires de celui-ci et un léger bourrelet circulaire, indice d'une valvule que je nommerai *iléo-caecale.* Il n'y a pour chacun de ces réservoirs sphéroïdaux qu'un seul vaisseau biliaire, quoique celui-ci ait deux insertions bien distinctes et séparées. Les replis de ce vaisseau sont agglomérés à la partie postérieure de la cavité abdominale, et tellement entrelacés d'imperceptibles trachées qu'il faut une patience éprouvée pour les dérouler sans les rompre. Ce vaisseau a un aspect variqueux, une texture fragile, et il renferme une humeur d'une teinte verdâtre.

Hausmann, dans le *Magazin d'Illiger* (1), a donné sur cette espèce des détails reproduits en France par M. Brullé, dans son *Hist. nat. des Insect.* (2).

Le *Lygée aptère*, dans la saison chaude, vit sur les arbres, les buissons, les haies, les murailles, mais le plus souvent sur la tige du tilleul. Pendant l'hiver, il se retire sous la mousse des arbres et sous les feuilles qui demeurent entassées au pied des arbres ou des buissons. Souvent, dans les jours doux de décembre ou de janvier, certains individus abandonnent pour quelque temps leur retraite d'hiver. C'est ainsi que dès les 7, 8 et 9 janvier de l'année 1801, j'en ai rencontré plusieurs sur les boulevards de Gottingue. J'en rapportai quelques-uns chez moi, mais il me fut impossible de les conserver vivants plus d'un jour, tandis qu'en été ils pouvaient passer plusieurs jours sans nourriture.

C'est au commencement ou au milieu de mars que ces insectes se réveillent de leur engourdissement. Pendant les premières semaines, ils se tiennent encore la plupart du temps sous les feuilles, et ne paraissent qu'avec les rayons du soleil. Mais plus les jours s'adoucissent, plus on les rencontre fréquemment hors de leurs retraites.

Depuis la fin de mars jusque vers le mois d'octobre, on les trouve, pendant les jours de chaleur, dès le grand matin et jusqu'au coucher du soleil, dans tous les endroits déjà mentionnés. Ils s'y réunissent en grand nombre et se tiennent serrés les uns contre les autres, et souvent les uns sur les autres, la tête dirigée vers un point central. Vient-on à les toucher, ils se séparent promptement, courant çà et là, mais se réunissent bientôt comme auparavant.

Ils se tiennent sur les tilleuls, à la partie inférieure du tronc, jusqu'à quatre pieds environ au-dessus de la racine, et sont constamment placés du côté du soleil. J'ai cru remarquer en outre que les jeunes individus se tiennent immédiatement au-dessus de la racine et sur les rameaux qui

(1) *Magazin für Insektenkunde*, t. I (1802), p. 234-241.
(2) *Hémiptères*, p. 374-381-8.

en partent, tandis que les vieux se placent plus haut. On les voit principalement sur les arbres dont l'écorce a des fissures. Vers le soir et pendant les jours un peu froids, ils se cachent dans les fentes et les gerçures de l'écorce, et sous les feuilles qui garnissent les pieds des arbres et des buissons.

Ces insectes se nourrissent généralement des sucs qu'ils puisent dans les feuilles tombées, dans l'écorce des arbres ou dans le corps des insectes morts. Je n'ai jamais remarqué qu'ils se soient emparés d'insectes vivants pour se nourrir de leur substance. Ayant pris un jour un certain nombre de ces punaises et les ayant laissé jeûner plusieurs jours, je renfermai avec elles, dans un vase, d'autres petits insectes vivants, mais elles ne les attaquèrent pas, bien qu'elles l'emportassent sur eux tant par la force que par le nombre.

Au contraire, leur ayant donné des mouches et autres insectes morts, elles se jetèrent dessus et même sur les cadavres de leur propre espèce, introduisirent dans le corps le premier article de leur bec, et en sucèrent avidement la substance.

La femelle dépose dans les lieux humides environ vingt œufs disposés en petits tas.

Ces œufs sont d'un blanc couleur de perle, lisses et très brillants ; ils acquièrent peu à peu une couleur plus bleuâtre, et grossissent de plus en plus, jusqu'à l'éclosion des jeunes punaises, qui a lieu au bout de six ou huit semaines. Celles-ci sont d'abord molles et blanchâtres, et ne prennent leur consistance et leur couleur qu'à l'air libre. Elles sont longues d'une ligne et ont à peu près la forme de l'insecte parfait, si ce n'est que les hemiélytres sont encore très courtes, noires et réunies à l'écusson. Ce dernier est noir, comme dans l'insecte parfait, mais il offre au milieu une ligne longitudinale rouge. La tête est toute noire, ainsi que le corselet, qui est bordé de rouge en avant et en arrière. L'abdomen est entièrement rouge ; les 3e à 5e segments offrent en dessous une tache noire arrondie. L'anus et les pattes sont noirs : celles-ci présentent des taches rouges sur toutes leurs articulations.

Lorsque les jeunes punaises ont atteint deux lignes et demie de longueur, elles changent de peau pour la première fois. La peau se fend longitudinalement sur la tête et le corselet ; la punaise sort par cette ouverture et se présente sous une enveloppe nouvelle, en se dépouillant peu à peu de l'ancienne. Son corps est d'abord mou et blanchâtre comme la première fois, mais au bout de quelques heures, il acquiert toute sa fermeté et sa coloration. Les hémiélytres sont plus longues et plus pointues qu'auparavant, et chacun des segments de l'abdomen offre en dessous trois taches noires. Dans cet état, la punaise croît jusqu'à ce qu'elle ait atteint sa grosseur. Elle se dépouille alors pour la seconde fois. L'écusson perd sa ligne longitudinale rouge; les hémiélytres s'allongent.

Quand la punaise a acquis, dans ce second état, la longueur de quatre lignes et demie à cinq lignes, elle se dépouille encore, mais pour la dernière fois; les pattes perdent leur tache rouge des articulations, et les segments de l'abdomen, leur couleur rouge, à l'exception du bord latéral.

Parmi les propriétés de cette punaise, il est à remarquer que l'odeur désagréable que répandent la plupart de ses congénères est à peine prononcée chez elle.

La profusion de cette punaise dans la nature laisse à présumer qu'elle est appelée à y jouer un assez grand rôle. Elle sert de nourriture à un assez grand nombre d'oiseaux; elle aide à la destruction des feuilles et des insectes morts, qui tomberaient, sans elle, en pourriture.

Les dommages qu'elle nous cause sont peu appréciables.

2. **Pyrrhocoris aegyptius**, LINNÉ.

Tête et antennes noires : tubercule antennifère rouge à l'extrémité. Pronotum rouge dans tout son pourtour; marqué, vers la moitié de sa longueur, d'un sillon transverse; chargé, au devant de ce sillon, d'une bande transverse noire, tumescente; marqué après ce sillon de deux taches noires, parfois liées à la bande, presque unies ou presque nulles. Écusson noir. Endocorie noire. Cories rouges, marquées d'un point discal noir. Membrane noire. Ventre rouge, avec une tache noire, sur chaque arceau, près du bord marginal. Pieds noirs.

♂ *Arceau anal* convexe, presque en ovale transverse.

♀ *Arceau anal* arqué à son bord antérieur, fendu longitudinalement dans son milieu.

Cimex aegyptius, LINNÉ, Mus. Lud. Ulr. p. 178, 12. — *Id.* Syst. Nat. I. II, p. 727, 79.— FAB. Syst. Ent. p. 720, 114. — *Id.* Spec. Ins. t. II, p. 364, 157.

— *Id.* Mant. Ins. t. II, p. 300, 205. — GOEZE, Ent. Beitr. t. II, p. 214, 79. — GMEL. Syst. Nat. t. I, IV, p. 2173, 79.

Cimex italicus, ROSSI, Faun. Etr. t. I, p. 241, 1323, pl. 7, fig. 1. — *Id.* édit. Helwig. t. II, p. 383, 1323.

Lygaeus aegyptius, FAB. Ent. Syst. t. IV, p. 155, 69. — *Id.* Syst. Rhyng. p. 222, 87

Platynotus italicus, PANZ. Faun. Ins. Germ. p. 118, 14. — KOLENATI, Melet. t. II, p. 70, 33.

Platynotus aegyptius, HAHN. Wanz. t. II (1834), p. 10, pl. XXXVII, fig. 121. — H. SCH. Nom. Ent. t. I, p. 48.

Astemma aegyptium, SPIN. Essai, p. 178, 2.

Pyrrhocoris aegyptius, RAMB. Faun. And. t. II, p. 157. — AMYOT et SERVILLE, p. 270, 2. — FIEBER, Hemipt. p. 163, 4. — MAY, Reise, p. 134. — PUTON, Catal. p. 28, 3.— WALKER, Hemipt. Brit. Mus. part. V, pl. 168, 3. — PUTON, Lyg. 82, 3.

Pyrrhocoris italicus, BAERENSP. Catal. p. 8, p. 168, 3.

Scantius aegyptius, STAOL. Acad. de Stockhlom (1872), p. 118, 62.— *Id.* tiré à part, p. 62.

Platymecus, AMYOT, Rhynch. p. 169, 178.

Long. 0^m0090 (4 l.); — larg. 0^m0040 (1 3/4 l.).

Oblongue, à peine élargie vers la moitié de la longueur du corps. *Tête* noire, finement ponctuée. *Antennes* à peine prolongées jusqu'à la moitié du corps ; noires, presque glabres : le 4e article garni d'un duvet blanchâtre sur ses quatre cinquièmes antérieurs, plus grand que le 3e. Tubercule antennifère rouge à son extrémité. *Pronotum* rouge en devant, sur les côtés et à son bord postérieur ; marqué vers la moitié de sa longueur, d'un sillon transverse ; chargé en devant de ce sillon, d'une bande transverse noire, tumescente, presque lisse ; marqué après ce sillon, de deux taches noires, séparées entre elles par un espace rouge ou rougeâtre, tantôt attenantes à la bande précitée, tantôt distinctes de celle-ci, quelquefois presque réunies, d'autres fois très réduites ou presque nulles. *Écusson* noir, en triangle subéquilatéral, à côtés droits ; finement ponctué. *Endocorie* noire. *Cories* rouges, marquées d'un point discal noir. *Dessus de l'abdomen* et tranches rouges. Bord postérieur de l'épistome, pièces prébasilaires et base de la gaîne du bec, rouges. *Bec* noir, sur les trois derniers articles ; prolongé jusqu'aux pieds intermédiaires ; à 4e article presque aussi long que le 5e. *Poitrine* noire : antépectus avec tous ses bords, médi et postpectus rouges. *Ventre* rouge, marqué sur chaque arceau d'une tache noire, près des bords latéraux :

bords postérieurs du 5e arceau, noirs. *Hanches* rouges. *Pieds* noirs : cuisses intermédiaires et surtout antérieures renflées, munies, surtout chez le mâle, de petites épines, en dessous : jambes souvent en partie rougeâtres, inermes.

Cette espèce n'est pas rare dans la France méridionale.

Var. *a*. Les taches noires situées après le sillon du pronotum sont liées à la bande antérieure, et parfois très distinctes ; d'autres fois presque unies ou parfois réduites à de faibles proportions ou presque nulles.

3. **Pyrrhocoris marginatus**, Kolenati.

Tête et antennes noires. Pronotum plus faiblement ponctué au devant de la ligne transversale, plus fortement après celle-ci ; noir, muni d'un rebord latéral d'un blanc roussâtre. Écusson noir, densement ponctué. Endocories noires. Cories noires, ponctuées, avec le rebord externe d'un blanc roussâtre. Membrane ordinairement rudimentaire. Bec roussâtre. Poitrine noire, ponctuée. Bord externe de l'antépectus, blanc. Bord externe de l'exocorie, d'un blanc roussâtre. Cuisses antérieures renflées, inermes, noirâtres. Jambes d'un brun roussâtre : les antérieures un peu arquées, crénelées en dessous.

Platygaster marginatus (Eversmann), Kolen. Melet. Ent. t. II, p. 86, 56, pl. 10, fig. 22.

Pyrrhocoris marginatus, Fieber, Hemipt. p. 162. — Staol, Mem. de l'Acad. de Stockh. 1870, p. 116.

Pyrrhocoris marginatus, Puton, Catal. p. 27, 1; — Lyg. 81, 1.

Long. 0m,0060 (2 3/4 l.) ; — larg. 0m,0030 (1 1/2 l.).

Oblongue. *Tête* en triangle presque plus large que long ; noire ; densement ponctuée. *Antennes* noires ; à peu près aussi longues que la moitié du corps : le 3e article garni de poils rigides, peu épais. *Pronotum* sensiblement élargi d'avant en arrière ; plus large à la base que long sur son milieu ; offrant après le cou une partie antérieure densement ponctuée, en arc dirigé en arrière jusqu'au sixième de sa longueur ; chargé ensuite d'une bande transverse, tumescente, peu ponctuée, puis marqué d'une raie transverse, et densement ponctué sur la partie postérieure ; noir ou d'un noir brun, avec les bords latéraux blancs ou blanchâtres ; légèrement sinué entre les angles huméraux et le milieu du bord postérieur ; postérieurement muni d'un très faible rebord blanchâtre. *Écusson* obtriangulaire, subéquilatéral ; noir, fortement et densement ponctué. *Cories* noires. ponctuées ou ruguleusement ponctuées, avec l'exocorie munie d'un rebord externe blanc, plus étroit dans sa moitié postérieure. *Membrane* rudimentaire, noire. *Bec* d'un roux brûlé, prolongé au moins jusqu'aux pieds intermédiaires. *Repli* de l'exocorie blanc. *Poitrine* noire, ponctuée, avec le rebord externe, et surtout le rebord intérieur, blancs. *Hanches, trochanters* et base des cuisses, tibias, ou du moins leur côté externe, base et extrémité du premier article des tarses postérieurs et quelques parties des autres tarses, d'un roux pâle ou d'un blanc roussâtre. *Cuisses* antérieures renflées, épineuses en dessous : les intermédiaires moins, et les postérieures peu ou point renflées.

Nous avons trouvé cette espèce dans le Midi de la France, où elle est peu commune.

Obs. Elle se distingue facilement des espèces précédentes par sa couleur.

DEUXIÈME FAMILLE

LES LYGÉENS

Caractères. *Ocelles* existants ; plus rapprochés des yeux que du vertex. *Antennes* à 1er article ne dépassant pas de la moitié de sa longueur le bord antérieur de la tête. *Pronotum* trapézoïde ; plus large à sa base que sous sa ligne médiane ; marqué d'un sillon transverse interrompu dans son milieu ; noté d'une fossette au côté interne de l'angle huméral. *Endocories* distinctes. *Cories* chargées de nervures atteignant ordinairement le bord postérieur. *Membranes* chargées au plus de 5 nervures, dont les 2 internes sont unies en devant par une membrane transverse. *Arceaux du ventre* dirigés en ligne transverse droite vers le bord marginal. *Stigmates* situés tous sur le ventre.

Ces insectes peuvent être partagés en 3 branches.

a. Cories non sinuées à leur bord postérieur.
b. Premier article du bec dépassant le bord antérieur de l'antépectus ou du moins arrivant jusqu'à lui. Cinquième arceau ventral dirigé en ligne transverse vers le bord marginal. . *Lygéaires.*
bb. Premier article du bec n'atteignant pas le bord antérieur, de l'antépectus. Cinquième arceau ventral dirigé en ligne oblique vers le bord marginal. . . . . *Arocataires.*
aa. Bord postérieur des cories sinué. Premier article du bec n'atteignant pas le bord antérieur de l'antépectus. Bord postérieur du 5e arceau ventral dirigé en ligne oblique vers le bord marginal. *Orsillaires.*

PREMIÈRE BRANCHE

LES LYGÉAIRES.

Caractères. *Ocelles* existants. *Bec* non prolongé jusqu'au 3e arceau ventral; à 1er article dépassant le bord antérieur de l'antépectus, ou prolongé au moins jusqu'à lui. *Pronotum* trapézoïde. *Cories* en ligne oblique, non sinueuse à son bord postérieur. *Membrane* chargée de 4 ou 5 nervures. *Bord postérieur* des 5 premiers arceaux du ventre dirigés en ligne transverse droite vers le bord marginal (♂ ♀).

Gouttière (Convexium) juxta marignale peu marquée et peu profonde ; logeant tous les stigmates.

Ajoutez pour les espèces de notre pays :

Tête en triangle ordinairement plus large que long.

Épistome plus avancé que les joues.

Antennes atteignant à peine parfois le bord postérieur du pronotum; souvent plus longues ; à 1er article épaissi, le plus court : les 2e et 3e filiformes : le 2e le plus long : le 4e plus épais que le 3e.

Yeux saillants, sur les côtés de la tête, non pedonculés et annelés à la base.

Ocelles plus rapprochés des yeux que du vertex.

Pronotum au moins en partie imponctué ou finement pointillé; ordinairement marqué d'une fossette au côté interne des angles huméraux ; en ligne transversale droite ou un peu arquée en arrière; à angles postérieurs nuls ou à peine indiqués.

Écusson obtriangulaire ; chargé d'une carène médiane et d'un relief en forme de T.

Cories en ligne oblique et non sinueuse à son bord postérieur ; quelquefois raccourcies.

Membrane parfois nulle.

Ventre de 6 arceaux apparents, dont le 1er très court, et d'un segment anal.

Pieds assez allongés, surtout les postérieurs.

Tarses de 3 articles : le 1er des postérieurs aussi long que les 2 suivants réunis.

Corps plat en dessus.

Ces insectes se répartissent dans les genres suivants :

a. *Pronotum* marqué d'une fossette transverse, entre les angles huméraux et la base de l'écusson ; à bord postérieur en ligne transverse droite ou un peu arquée en arrière. *Bord postérieur du postpectus* en ligne transverse droite ou à peu près. *Bec non prolongé* jusqu'au premier arceau ventral. . *Lygaeus.*

aa. *Pronotum* sans fossette ou marqué d'une fossette longitudinale au côté interne des angles huméraux; à bord postérieur en ligne transverse à peu près droite. *Bord postérieur du postpectus* en ligne oblique. Bec ordinairement prolongé jusqu'au 1er arceau ventral. . . . . *Graphostethus.*

aaa. *Pronotum* marqué d'une fossette longitudinale au côté interne des angles huméraux. *Bord postérieur du postpectus* en ligne tranverse arquée en arrière. Bec non prolongé jusqu'au 1er arceau ventral. . . . . *Lygaeosoma.*

Genre *Lygaeus*, Lygée ; Fabricius.

Fabricius, Ent. Syst. t. 4, p. 133.

Caractères. *Bec* non prolongé jusqu'au 1er arceau ventral ; à 1er article dépassant le bord antérieur de l'antépectus. *Tête* en triangle plus large que long. *Antennes* de 4 articles : le 1er épaissi, le plus court : le 2e le plus long : le 4e ordinairement plus épais que le 3e. *Pronotum* trapézoïde, creusé d'une fossette transverse entre les angles huméraux et la base de l'écusson. *Écusson* obtriangulaire, chargé d'une carène ou d'un relief en forme de T. *Cories* en ligne oblique, non sinueuses, à leur bord postérieur. *Membranes* chargées de 4 ou 5 nervures, dont les 2 internes sont unies en devant par une nervure transverse. *Hémiélytres* voilant la tranche du dessus de l'abdomen. *Bord postérieur* du postpectus en ligne transverse droite ou à peu près. *Bord postérieur* des arceaux du ventre dirigé en ligne transverse droite vers le bord marginal. *Gouttière juxta-marginale* peu marquée, portant tous les stigmates. *Pieds* assez allongés, surtout les postérieurs. *Tarses* à 1er article des postérieurs aussi long que les 2 suivants réunis.

Le pronotum est, au moins en partie, imponctué ; en partie rouge, ainsi que les cories, du moins chez nos espèces françaises.

Tableau des espèces :

A. Ventre rouge, marqué de points et de bandes transverses noires, sur le tiers médiaire des 3e et 5e arceaux.

b. Tête noire. 4e article du bec aussi long que la 3e. Membrane sans tache blanche. . . . . *Familiaris.*
(S.-g., *Melanospilus*, STAOL).

bb. Tête en partie rouge. 4e article du bec plus court que le 3e.

c. Poitrine noire sur le flanc de chacun de ses arceaux. Membrane noire, marquée sur son disque d'un gros point blanc. . . . . *Equestris.*
(S.-g., *Graptolomus*, STAOL).

cc. Poitrine noire, munie d'une grosse tache rouge sur le disque du flanc de chaque arceau.

d. Membrane noire ou nébuleuse, marquée d'un gros point blanc sur son disque. Cories non bordées de noir à leur base postérieure. . . . . *Militaris.*

dd. Membrane noirâtre et nébuleuse, non marquée d'un gros point blanc sur son disque.

e. Cories bordées de noir à leur côté interne et postérieur. Bords latéraux rouges du pronotum ordinairement coupés par une bande transverse noire. . . . . *Saundersi.*

ee. Cories bordées de noir dans leur pourtour. Côtés rouges du pourtour non coupés par une bande transverse noire. . . . . . *Saxatilis.*

AA. Ventre rouge sur les 4e et 5e arceaux, et souvent sur le 3e, avec un point marginal, noir. Membrane noire ou noirâtre, marquée sur son disque d'un gros point blanc.
(S.-g., *Melanocoryphus*, STAOL).

f. Poitrine noire, avec les côtés de l'antépectus rouges. *Pronotum* rouge sur les bords antérieurs et latéraux.. . . . . *Apuanus.*

ff. Poitrine noire, avec la partie antérieure rouge. *Pronotum* rouge sur les deux cinquièmes antérieurs et sur la ligne médiane de sa moitié postérieure, marqué de chaque côté de cette ligne d'une tache carrée noire. . . . . *Punctato-guttatus*.

1. **Lygaeus familiaris**, Fabricius.

Tête et antennes noires. Pronotum à rebords antérieur et latéraux, au moins en grande partie, et une ligne médiane, rouges, noir sur le reste Écusson noir. Endocories noires, avec la base rouge. Cories rouges, avec une grosse tache noire, transverse, située vers la moitié de leur longueur : cette tache arrondie extérieurement et n'atteignant pas le bord interne. Poitrine mélangée de noir et de rouge. Ventre marqué sur les côtés des 2e à 5e arceaux, de 2 taches, et souvent d'une bande médiaire transverse, noires. Pieds noirs.

♂ Anneau anal presque arrondi, convexe.

♀ Anneau anal triangulaire.

Cimex familiaris, Fabr., Spec. Ins., t. II, p. 363, 145. — Id., Mant., t. II p. 238, 190. — Gmel, Syst. nat., p. 2170, 279. — Rossi, Faun. Etr., t. II p. 238, 1318. — Id., éd. Helwig., t. II, p. 379, 1318. — De Villers, Ent., t. I, p, 520. 131. — Schrank, Faun. boic., t. II, p. 79, 1120. — Petagn., Inst. Ent. t. II, 537, 40.

Lygaeus familiaris, Fabr., Ent. syst., t. IV, p. 149, 148. — Id., Syst. Rhyng., p. 219, 64. — Panz, Faun.-germ., 79,20. — Latr. Hist. nat., t. XII, p. 213,4. — Faun. franc. (Lygée familière), pl. V, fig. 4. — Brullé, Hist. d. Ins., t. IX (Hemiptères), p. 385. — Kolen, Melet. ent., t. II, p. 74. 34. — A. Costa, Cimic., R. n. 1er cart., p. 42, 4 (60). — Flor, Rhynh. Livl., t. I, p. 221, 1. — Fieber, Hémipt., p. 165, 4.

Lygaeus venustus (Boeber), Herrich-Schaef, Nomencl., p. 58. — Baerensp., Catal., p. 8. — Bellevoie, Catal., p. 17. — Puton, Catal., p. 19. — Lyg. 9, 1.

Melanospilus venustus, Staol, Hémip. Fabr., p. 75. — Mém. de Stock. (1872), p. 40. — Id., tiré à part, p. 40.

Obs. Cette espèce avait été indiquée, sans être décrite, sous le nom de *venustus*, dans le catalogue de Boeber, publié dans le *Versuch einer Beschreibung der Russich Kaiserlichen Residentzstadt Saint-Petersburg, und der Merkwürdigkeiten der Gegend. Saint-Petersburg.* 1791, in-8.

Ce catalogue, simplement nominatif, occupe les pages 545 à 550.

Long., 0^m,0100 (4 1/2 l.) ; — larg., 0^m,0033 (1 1/2 l.).

Tête et *antennes* noires. *Pronotum* noir, avec le rebord antérieur, le rebord latéral, jusqu'aux deux tiers ou jusqu'aux angles huméraux, et une ligne médiane mi-saillante, un peu élargie d'avant en arrière, rouges et lisses : chacune des parties noires, séparée par la ligne médiane rouge, ponctuée, et marquée en devant d'une cicatrice, en forme d'arc convexe, dirigé en arrière. *Écusson* noir, chargé d'une carène sur sa moitié postérieure ; à rebords latéraux relevés en rebord subconvexe sur leur moitié antérieure. *Endocories* noires, avec la base rouge. *Cories* rouges, marquées vers la moitié de leur longueur, d'une grosse tache noire, subarrondie, n'atteignant pas le bord interne de la mésocorie. *Membrane* noire, lisérée de blanchâtre, et marquée d'une petite tache triangulaire blanche, à l'angle antéro-interne. *Dessus* de l'abdomen rouge, maculé de noirâtre, sur sa ligne médiane, et marqué de 2 taches noires sur les côtés de presque tous les arceaux. *Dessous du corps* à antepectus rouge, avec le disque de ses flancs et une bande transversale après le bord antérieur, noirs. *Médi* et *postpectus* noirs, avec le côté interne rouge. *Repli* de l'exocorie rouge, jusqu'au 1er arceau ventral. *Ventre* rouge sur le 1er et parfois le 2e arceau : les 2e à 4e marqués d'une bande transverse sur la partie médiane, et, de chaque côté, de 2 taches noires : l'interne de celles-ci subarrondie : l'externe marginale : le 5e arceau sans bande transverse médiane noire : le 6e arceau noir, avec les côtés rouges. *Pieds* noirs, parfois en partie d'un noir rougeâtre. Cuisses antérieures non renflées, inermes, ainsi que les jambes de devant.

Cette espèce habite une partie de la France, dans les bois humides et les marais ; elle se trouve sur l'*Asclepias vincetoxicum*.

Elle se distingue de toutes les autres par ses cuisses antérieures non renflées, inermes en dessous ; et des autres, ou véritables *Lygées*, par sa tête noire.

2. **Lygaeus equestris**, Linné.

Tête noire, marquée d'une grosse tache médiane rouge, rétrécie d'avant en arrière. Antennes noires. Pronotum noir, avec une bande transversale rouge et 2 gros points d'un noir velouté, au devant de celle-ci. Écusson noir. Endocorie rouge sur sa moitié antérieure, noirâtre postérieurement.

Méso et exocoris rouges, marquées d'une bande transversale noire vers là moitié de leur longueur. Membrane lisérée de blanchâtre et marquée d'un gros point et d'une tache à son angle antéro-interne, blancs. Poitrine noire. Ventre rouge, marqué de points noirs. Pieds noirs.

♂ *Arceau anal* presque arrondi, convexe, entier.

♀ *Arceau anal* en triangle aigu en devant.

Cimex equestris, LINN., Faun. Suec., p. 253, 946. — Id., Syst. nat., p. 726,77 — MULLER, Syst. nat., t. V, p. 496, 77. — GMEL, Syst. nat. p. 2172,77. — DE GEER, Mém., t. III, p. 181,19. — FABR., Syst. ent., p. 718, 104. — Id.. Spec. ins., t. II, p. 142. — Id., Mant., t. II, p. 298, 185. — GOEZE, Ent. Beit., t. II, p. 212, 79. — SCHRANK, Énum., p. 280, 540. — Id., Faun. boic., t. II, p. 79, 119. — ROSSI, Faun. etr., t. II, p. 239, 1319. — Id., éd. Helwig., t. II, p. 381, 1319. — DE VILLERS, Ent., t. I, p. 513, 111. — BRAHM, Ins. Kal., t. I, p. 138, 465. — PETAGN., Inst. entom., t. II, p. 536, 37.
Cimex speciosus, PODA, Mus. graec., p. 59. 21. — SCOPOL., Ent. carn., p. 127, 369. — DE VILLERS, Entom., t. I, p. 527, 167. — *La punaise rouge, à bandes noires et taches blanches*, GEOFFROY, Hist. abr., t. I, p. 442, 14.
Lygaeus equestris, FABR., Ent. syst., t. IV, p. 147, 43. — Id., Syst. Rhyng.. p. 217, 57. — TIGNY, Hist. nat., t. IV, p. 378. — WOLFF, Wanz, p. 24, pl. 3, fig. 24. — SCHELLENB., Cim., p. 7, 1, pl. 2, fig. 1, a. — WALCK, Faun., t. II, p. 345. — LATR., Hist. nat., t. XII, p. 212, 1. — Id., Gen., t. III, p. 122. — Id., Règ. an., (1807), t. III, 390. — Id., (1829). — Id., éd. Mass., t. XIII, p. 38. — PANZ., Faun. ins., p. 79, 19. — LAMARCK, An. s. vert., t. III, p. 496, 1. — FALLEN, Hémip., Suec., p. 48, 1. — BRULLÉ, Exped. de Morée, p. 72, 24. — Id., Hist. nat., (Hémipt.), p. 385. — SCHILLING. Beitr., p. 58, 1, pl. 5, fig. 1. — BURMEIST. Handb., t. II, p. 298, 2. — COSTA, Cim., II, n. 1re cent., II, (58), p. 41. — HERRICH-SCHAEFF. Wanz., t. I, p. 21, pl. 3, fig. 12. — SAHLB, Geor., p. 53, 1. — KOLENAT. Melet., ent., t. I, p. 74, 38. — FLOR, Hémip. Livl., p. 222, 2. — OCHANINE, Hémipt., de Moscou, p. 13, 1. — ASSMANN, Catal., p. 40, 5. — BAERENSP., Catal., p. 8. — BELLEVOIE, Catal., p. 16. — PUTON, Catal., p. 19 ; — Lyg. 9, 2. — *Coreus equestris*, FALLEN, Mon., cim., p. 61, 10. — *Metulla*, AMYOT, Rhynch., p. 126, 111.

Long. 0^m,010 à 0^m,011 (4 1/2 à 5 l.).

Tête rouge, avec le bout de l'épistome et les côtés noirs jusqu'au vertex : la partie rouge rétrécie d'avant en arrière, jusqu'à ce dernier. *Antennes* noires, prolongées au moins jusqu'à la moitié du corps. *Pronotum* en partie noir, en partie rouge : la partie noire formant une bande arquée en arrière et ponctuée, derrière le cou, puis une bande transverse, liée à la précédente, un peu tuméfiée, rayée de chaque côté d'une ligne oblique, et suivie d'une grosse tache de même couleur de chaque côté de la ligne médiane; cette partie noire, couvrant le bord postérieur, depuis une fossette humérale jusqu'à l'autre : la partie rouge formant une bande transversale, de la moitié aux quatre cinquièmes, et des bords latéraux jusqu'au calus huméral. *Écusson* noir, chargé d'un relief en forme de T. *Endocories* rouges, sur la moitié antérieure, puis marquées d'un gros point noir et noirâtre, ou d'un rouge nébuleux postérieurement. *Cories* rouges, marquées au milieu de leur longueur, d'une bande transversale noire, suborbiculairement renflée sur sa moitié externe. *Membrane* lisérée de blanc ; marquée d'un gros point blanc sur le disque, d'une tache de même couleur vers leur angle antéro-interne, qui souvent reste noir, et souvent d'un petit trait blanc, lié au bord postérieur de l'exocorie. *Dessus de l'abdomen* rouge, marqué d'une tache noire, sur le bord de chaque arceau, et ordinairement d'un point noir, sur la ligne médiane des 2e à 5e arceaux. *Bec* noir, prolongé jusqu'aux pieds intermédiaires. *Poitrine* noire, avec les côtés de l'antépectus rouges. *Ventre* rouge, marqué d'une tache noire sur les côtés des 2e à 5e arceaux et d'une bande transverse noire, parfois interrompue sur la région médiane des mêmes arceaux : 6e arceau noir, avec les côtés rouges. *Pieds* noirs. Cuisses antérieures non ou peu renflées, inermes.

Cette espèce est commune dans presque toute la France.

3. Lygaeus militaris, Fabricius.

Tête rouge, avec l'épistome et les côtés noirs. Antennes noires. Pronotum rouge, avec le bord antérieur et deux bandes longitudinales noires, enclosant en devant une tache en ovale transverse, et postérieurement une grosse tache suborbiculaire, rouges. Écusson noir. Endocories rouges, marquées d'un point noir. Cories rouges, marquées d'une bande transverse irrégulière, noire. Membrane d'un cendré noirâtre, marquée d'un gros point discal et d'une tache basilaire, blancs. Bec noir. Poitrine noire, avec les côtés de l'antépectus et une tache en ovale transverse, sur les flancs de chaque arceau, rouges. Ventre rouge, marqué de chaque côté des arceaux, de 2 taches et d'une bande transverse médiane, noires. Pieds noirs.

♂ *Arceau anal* convexe, en demi-cercle, entier. Cuisses antérieures plus renflées, munies en dessous de petites épines. Jambes de devant denticulées en dessous.

♀ *Arceau anal* en angle dirigé en avant. Cuisses antérieures moins renflées, inermes. Jambes antérieures sans dentelures.

Variété *a*. Tête rouge. Épistome noir, Membrane obscure, sans point blanc.

Lygaeus asiaticus, KOLENATI, Melet. ent., t. II, p. 72, 3, pl. 8, fig. 12.
Lygaeus militaris, FAB., Ent. syst., t. IV, p. 147, 42. — Id., Syst. Rhynch., p. 217, 56. — LATREILLE, Hist. nat., t. XII, p. 213, 5. — GERM., Faun. Eur., 12; 19. — BURM, Handb., t. II, p. 298, 2. — BRULLÉ, Exped., de Morée, p. 72, 23, Hist. nat., 6e liv., p. 354. — COSTA, Cim., 1re cent., p. 41, (57), 1. — KOLEN. Melet., t. II, p. 73, 27. — RAMBUR, Faun. And., p. 155, 1. — AMYOT, et SERVILLE, Hémipt., p. 247, 1. — BAERENSP., Catal., p. 8. — BELLEVOIE, Catal., p. 16. — PUTON, Catal., p. 19; — Lyg. 10, 3.
Lygaeus lagenifer, DUFOUR, Rech., pl. 3, fig. 23.
Lagenifer, AMYOT, Rhynch., p. 127, 112.
Cimex militaris, FABR., Ent. syst., p. 717, 103. — Id., Sp., ins., t. II, p. 362 141. — Id., Mant. ins., t. II, p. 297, 184. — GMEL, Syst. nat., p. 2172, 392. — ROSSI, Faun. Etr., t. II, p. 240, 1320. — Id., éd. Helwig., t. II, p. 381, 1320, — PETAGN., Inst. ent., t. II, p. 536, 361.
Cimex pandurus, SCOP., Ent. carn., p. 126, 368. — DE VILLERS, Ent., t. I p. 526, 165.
Lygaeus civilis, FABR.. Ent. syst., t. IV, p. 148, 44. — Id., Syst. Rhyng., 217 59. — WOLFF., Wanz., p. 25, 25, pl. 3, fig. 25 ?

Long. $0^m,013$ à $0^m,015$ (6 à 7 l.); — larg. $0^m,004$ à $0^m,005$ (1 3/4 à 2 1/2 l.).

Tête rouge, avec l'épistome, les joues et le côté interne des yeux, noirs : la partie rouge couvrant le tiers médiaire du sommet. *Pronotum* mélangé de rouge et de noir : la partie noire, ponctuée, formant une bande transverse antérieure, et 2 bandes longitudinales irrégulières, enclosant une petite tache en ovale transverse et postérieurement une grosse tache suborbiculaire, rouges : la partie rouge, presque lisse, couvrant les côtés de la région médiane. *Écusson* noir, chargé d'un relief en forme de T. *Endocories* rouges ; marquées sur les deux tiers, d'un gros point noir, souvent d'un rouge plus pâle postérieurement. *Cories* rouges, parées, vers le milieu de leur longueur, d'une bande transverse irrégulière, liée au bord externe, et ne touchant pas le bord interne de la mésocorie. *Membrane* d'un cendré roussâtre, marquée d'un gros point discal, et d'une tache, à l'angle antéro-interne, blancs. *Dessus de l'abdomen* rouge, avec une tache carrée, noire, sur les côtés des 2e à 5e arceaux. *Bec* noir, prolongé jusqu'aux pattes intermédiaires. Poitrine noire, avec les côtés de l'antépectus, et une tache en ovale transverse sur le flanc de ses 3 segments rouges. *Ventre* rouge, marqué, de chaque côté du 2e arceau, d'un point sur les stigmates, d'une tache marginale, et d'une bande transverse sur le milieu du bord extérieur des arceaux, noirs. *Pieds* noirs.

Cette espèce, la plus grande du genre, n'est pas rare dans le Midi de la France.

4. Lygaeus Saundersi, MULSANT et REY.

Tête en partie rouge. Antennes noires. Pronotum en partie noir, paré de chaque côté d'une bordure rouge, souvent barrée de noir vers les deux tiers, et d'une ligne médiane rouge, non avancée jusqu'au bord antérieur, en ovale transverse en devant, puis longitudinale, élargie d'avant en arrière. Endocories rouges, avec la moitié postérieure et le bord externe noirs ; cories rouges, avec le bord interne, le bord postérieur et une bande dans le milieu, triangulairement dilatée de dedans en dehors, noirs. Membrane pâle, d'un blanc roussâtre. Poitrine noire, avec le bord externe de l'antépectus, et 3 taches en ovale transverse, sur les flancs, rouges. Ventre rouge, marqué sur les 3e à 5e arceaux d'une bordure transverse noire, parfois deux fois interrompue, et d'un point marginal, noirs. Pieds noirs.

♂ *Arceau anal* presque arrondi, convexe. Entre-cuisses garnies de petites épines. Jambes denticulées.

♀ *Arceau anal* en angle aigu dirigé en devant. Cuisses et jambes inermes.

Long. 0m,0112 à 0m,0117 (5 à 5 1/2 l.); — larg. 0m,0036 à 0m,004 (1 2/3 à 1 7/8 l.).

MULSANT, Opuscules entomologiques, t. XIV, p 225.

OBS. Elle varie :

1° Par la grandeur de la tache rouge de la tête ;

2° Par le bord externe rouge du pronotum, barré ou non barré de noir, vers les deux tiers de sa longueur ;

3° Par la partie médiane rouge du pronotum, barrée de noir avant son extrémité, ou prolongée sans interruption jusqu'à la base ;

4° Par l'écusson tout noir, ou rouge à son extrémité.

Cette jolie espèce a été trouvée près de Malaga (Espagne), par M. Saunders, l'un des entomologistes les plus distingués de l'Angleterre, à qui nous l'avons dédiée.

Elle se distingue du *L. familiaris* par sa tête en partie rouge ; du *L. equestris* par sa poitrine noire sur le flanc de chacun de ses arceaux ; du *L. militaris*, par sa taille plus faible, par son endocorie noire à l'extrémité ; par sa mésocorie liserée de noir à ses bords interne et postérieur ; par sa membrane pâle et non marquée d'un point blanc ; du *L. saxatilis*, par ses exocories non bordées de noir.

5. **Lygaeus saxatilis**, Scopoli.

Tête noire, avec une tache médiaire rouge, bilobée en devant. Antennes noires. Pronotum mélangé de noir et de rouge : la portion noire ponctuée, formant en devant une bande transverse, et 2 bandes longitudinales noires : la partie rouge, presque lisse, couvrant les côtés, et formant une bande longitudinale médiaire, n'arrivant pas au bord extérieur. Écusson noir. Endocories rouges à la base, puis marquées d'un gros point noir. Cories rouges, bordées de noir dans leur périphérie, marquées sur leur disque d'une tache noire liée à la bordure externe et souvent à celle du bord postérieur de la mésocorie. Membrane noire. Poitrine noire, en partie rouge sur les côtés de l'antépectus et sur le disque des flancs de chaque segment. Ventre rouge, marqué sur chaque arceau, d'une bande transverse noire, deux fois interrompue. Pieds noirs.

♂ *Arceau anal* presque arrondi, entier. Cuisses antérieures plus épaissies, munies de petites épines en dessous. Jambes de devant denticulées en dessous.

♀ *Arceau anal* en angle dirigé en devant. Cuisses et jambes antérieures inermes.

Cimex saxatilis, Scop., Ent. Carn., p. 128, 371. — Linn., Syst. nat., p. 727, 81. — Muller, Syst. nat., t. V, p. 497, 81. — Fuessly, in Schw., p. 26, 505. — Goeze, Beitr., t. II, p. 214, 81. — Schrank, Enum., p. 279,538. — Fabr., Mant. ins., t. II, p. 298, 188.— De Vill. Ent., t. I, p. 515, 113.— Rossi, Faun. etr., t. II, p. 238, 1317. — Id. éd. Helwig., t. II, p. 278, 1317. — Wolff, Icon. cim., p. 26, pl. 3, fig. 26. — Petagn., Inst. ent., t. II, p. 536, 38.

Lygaeus saxatilis, Fabr., Ent. Syst., t. IV, p. 148,46.— Id., Syst. Rhyng., p. 218 62. — Panz, Faun. ins., 79, 22. — Latr., Hist. nat., t. XII, p. 218, 2. — Schill. Beit., p. 59, 2.— Brullé, Expéd. Mor., t. III, p. 74, 26.— Ins. Hist. nat. Hémipt., p. 385. — Burm., Handb., t. II, p. 298, 4. — Kolen, Melet. ent., t. II, p. 72, 2.— Amyot et Serv., Hémipt., p. 128, 113. — Ramb., Faun. andal., hémipt., p. 156, 4. — Costa, Cimic., regn. Nap., 1re cent., t, V (59), p. 41. — Fieber, Hémipt., p. 165, 1. — Assmann, Cat. p. 60, 4. — Baerenspr., Cat., p. 8. — Bellevoie, Catal., p. 17. — Puton, Catal., p. 19; — Lyg. 10, 4.

Graphostethus saxatilis, Stal., Hémipt. Fabr., p. 73.

Spilostethus saxatilis, Stal, Mém., de l'Acad. de Stockholm., — Id. tiré à part, p. 41.

Lygaeus, Amyot, Rhynch., p. 128, 113.

Lygaeus lusitanicus, Herrich-Schaeffer, Wanz., t. IX, p. 197.

Long. 0m,0112 à 0m,0117 (5 à 5 1/4 l.); — larg. 0,0036 à 0m,0041 (1 2/3 à 17/8 l.).

Un peu élargie jusqu'à la moitié du corps. *Tête* noire sur l'épistome est sur les côtés, rouge sur le reste : la partie rouge bilobée en devant, rétrécie jusqu'au vertex. *Antennes* noires. *Pronotum* trapézoïde, en partie rouge, en partie noir : la partie rouge, couvrant les bords latéraux et une bande longitudinale médiaire, non avancée jusqu'au bord antérieur, formant en devant une petite tache orbiculaire ou en losange, puis longitudinalement prolongée jusqu'à la base, en s'élargissant un peu d'avant en arrière : la partie noire, couvrant le bord antérieur d'une bande transverse, ponctuée, à peine étendue jusqu'aux angles de devant, de laquelle naissent 2 bandes longitudinales, un peu irrégulières, élargies d'avant en arrière, bordant la partie rouge médiane; paré vers le tiers de sa longueur, de 2 cicatrices en arc dirigé en arrière. *Écusson* noir, chargé d'un relief en forme de T. *Endocories* rouges; parées d'une tache ovalaire noire, vers la moitié de leur longueur, moins obscures postérieurement. *Cories* rouges, parées dans leur périphérie d'une bordure noire; marquées sur leur disque, d'une tache noire de forme variable, tantôt formée de 2 points noirs liés : l'interne, plus petit, isolé de la bordure interne de la mésocorie : l'externe, beaucoup plus gros et postérieur, joignant la bordure de l'exocorie : cette tache souvent dilatée de telle sorte que la partie antéro-interne s'unit à la bordure du côté interne de la mésocorie, et que la partie postéro-externe se lie à la bordure du milieu du bord postérieur de la mésocorie. *Membrane* noire, sans tache blanche. *Dessus de l'abdomen* rouge, marqué de chaque côté des 3e à 5e arceaux, d'une tache marginale noire. *Bec* noir, prolongé jusqu'aux pieds postérieurs. *Buccules* ou *pièces basilaires* peu saillantes, non prolongées jusqu'au bord antérieur de l'antépectus. *Poitrine* noire ; marquée d'une tache rouge, en ovale transverse, sur le flanc de chacun de ses segments, avec le bord externe de l'antépectus, rouge. *Ventre* rouge, marqué sur le bord antérieur de chaque arceau, d'une bande médiane, et de chaque côté d'une tache, noires : 6e arceau noir, avec les côtés rouges. *Pieds* noirs.

Cette espèce est commune dans presque toute la France. On la trouve principalement dans les prés.

6. Lygaeus apuanus, Rossi.

Tête et antennes noires. Pronotum rouge, marqué sur sa moitié postérieure de deux taches noires, en équerre ou presque en quart de cercle, à peine séparées sur la ligne médiane. Écusson noir. Endocories brunes. Cories rouges, marquées, sur leur disque, d'un point noir. Membrane noire, lisérée de blanchâtre, marquée d'un point discal, d'une tache à l'angle antéro-interne, et ordinairement d'une tache près de l'extrémité de l'exocorie, blancs. Poitrine noire : bord latéral de l'antépectus, rouge Ventre noir à la base et à l'extrémité : 3e et 4e arceaux rouges, avec un point marginal noir. Pieds noirs.

♂ *Arceau anal* presque orbiculaire.

♀ *Arceau anal* en angle dirigé en avant.

La Punaise rouge, à point noir et taches blanches, GEOFFROY, Hist. abr., t. I. p. 443, 15.

Cimex apuanus, ROSSI, Faun. etrusc. Mant., t. II, p. 5, n° 507.

Lygaeus punctum, FABR., Ent. syst., t. IV, p. 157, 75. — Id. Syst. Rhyng., p. 224, 94. — COQUEBERT, Illust., t. I, p. 41, pl. 10, fig. 4. — PANZ, Faun. germ., 118, 11. — Id., ins., Ratisb., pl. 119, fig. 3. — WOLFF, Wanz. p. 70, 73, pl. 8, fig. 70. — LATR., Hist. nat., t. XII, p. 214, 6. — BURMEISTER., Handb., t, II, p. 298, 5. — BRULLÉ, Exped. de Morée, p. 72, 27. — Id., Hist. nat., 6e liv., p. 385. — KOLEN, Melet., t. II, p. 75, 40. — COSTA, Hém., reg. N. 3e cent., p. 18, 6, (217). — RAMBUR, Faun. andal., Hémiptères, p. 155, 2. — HERR.-SCHAEFF, WANZEN, t. IX, p. 198. — BAERENSP., Cat., p. 18. — BELLEVOIE, Cat. p. 17.

Lygaeus apuans, FIEBER, Hémipt., p. 65, 2. — PUTON, Cat., p. 20. — Lyg. 11, 5

Graptolomus apuans, STAOL, Hémipt., Fabr., p. 75.

Stigmophorus, AMYOT, Rhynch., p. 130, 115.
Melanocoryphus apuans, STAOL., Mem. de Stockholm (1872), p. 41. — Id., tiré à part, p. 41.

Variété *a*. Taches noires de la dernière partie du pronotum réunies en espèce de demi-cercle. Mésocories marquées d'une grosse tache noire, à leur angle postéro-interne.

Lygaeus ventralis, KOLEN, Melet. ent., t. II, p. 75, 59, pl. 9, fig. 13.

Cette Lygée, trouvée dans le Caucase, n'est probablement qu'une variété du *Lygaeus punctum*.

Long. 0m008 (3 3/4 l.) ; — Larg. 0m0025 à 0m,0030 (1 à 1 2/4 l.).

Tête et *antennes* noires : celles-ci à peine prolongées jusqu'à la moitié du corps. *Pronotum* rouge, avec le bord antérieur et, à partir des deux cinquièmes, deux taches en forme d'arcs se regardant, noirs : le bord antérieur noir, ponctué, à peine étendu jusqu'aux angles de devant, arqué en arrière jusqu'au sixième de sa longueur : cette partie noire suivie d'une bande rouge transversale, tumescente, lisse, sur laquelle se voit, de chaque côté de la ligne médiane, un trait ou ligne oblique : les taches noires en arc, en équerre, ou subtriangulaires, à peine séparées par une ligne rouge sur la partie médiane, non étendues sur les côtés et à peine prolongées jusqu'à la base, laissant entre elles, depuis les deux tiers de la longueur et le tiers médiaire de la largeur, un faible intervalle rouge. *Écusson* obtriangulaire ; noir, lisse ; chargé d'un relief en forme de T. *Endocories* brunes. *Cories* rouges ; marquées d'un point discal noir. *Membrane* noire ; marquée d'une tache blanche à son angle antérieur, d'un point blanc sur son disque, et d'une petite tache de même couleur à l'extrémité de la nervure cubitale. *Dessus de l'abdomen* rouge, avec la base et l'extrémité noires, et un point marginal noir sur les 3e à 5e arceaux. *Bec* noir ; prolongé jusqu'aux pieds intermédiaires. *Poitrine* noire, avec les côtés de l'antépectus et une tache presque carrée à l'angle antéro-interne de ce segment, rouges. *Ventre* noir à la base et sur le 6e arceau : les 4e et 5e ordinairement rouges, avec un point marginal noir. *Pieds* noirs : cuisses un peu renflées, inermes ainsi que les jambes.

Cette espèce n'est pas rare dans le Lyonnais, et surtout dans le Midi de la France.

Variété *a*. Carène de la partie postérieure de l'écusson, parfois rouge.

Variété *b*. Taches noires du prothorax, obtriangulaires ou presque carrées.

Variété *c*. Ventre parfois tout noir.

Variété *d*. Bord antérieur de l'antépectus rouge.

7. **Lygaeus punctato-guttatus**, Fabricius.

Tête et antennes noires. Pronotum rouge sur sa moitié antérieure et sur la ligne médiane de sa moitié postérieure ; marqué sur celle-ci de deux taches presque unies, noires, atteignant le bord externe. Écusson noir. Endocories rouges, marquées d'un gros point noir. Cories rouges, marquées, vers la moitié de leur longueur, d'une grosse tache noire, en ovale transverse, raccourcie à son extrémité. Membrane noire, marquée d'un gros point discal, d'une tache à l'angle antéro-interne, et d'une tache apicale, blancs. Poitrine noire, avec la partie antérieure de l'antépectus, rouge. Ventre noir à la base et à l'extrémité: 2ᵉ à 5ᵉ arceaux rouges, marqués d'un point marginal noir. Pieds noirs : hanches rouges.

♂ *Arceau anal* presque orbiculaire.

♀ *Arceau anal* en angle dirigé en devant.

Cimex punctatato-guttatus, Fabr. Spec. Ins. t. II, p. 365, 164.— *Id.* Mant. Ins. t. II, p. 300, 210. — Rossi, Faun. Etr. t. II, p. 243, 1324. — *Id.* éd. Helwig, t. II, p. 584, 1321.— Petagn. Inst. Entom. t. II, p. 637, 42.

Lygaeus punctato-guttatus, Fabr. Ent. Syst. t. IV, p. 158, 77. — *Id.* Syst. Rhyng. p. 224, 97. — Latr. Hist. nat. t. XII, p. 214, 7.— Panz. Faun. Insect. 118, 8.— Burmeist. Handb. t. II, p. 299, 6.— Kolenat. Melet. Ent. t. II, p. 76, 41. — Herrich-Scheffer. Wanz. t. IX, p. 199.— Costa, Cim. Reg.·N. 1ʳᵉ centurie, p. 42 (61), 5. — Baereng, Catal. 8. — Puton, Catal. p. 20; — Lyg. 11, 6.

Lygaeus Schummeli, Schilling, Beitr. p. 60, 3, pl. 2, fig. 4.

Lygaeus guitatus, Rambur, Faun. Andal. (Hémipt.), p. 155, 3.

Lygaeosoma punctato-guttata, Fieber, Hémipt. p. 167, 1.

Graptolomus punctato-guttatus, Staol, Hémipt. Fabr. p. 75.

Melanocoryphus punctato-guttatus, Staol, Mém. de l'acad. de Stockholm (1872), p. 41. — *Id.* tiré à part, p. 41.

Stigmorhanis, Amyot, Rhynch. p. 131, 116.

Long. 0m,0035 à 0m,004 (1 1/2 à 1 2/3 l.); — larg. 0m,001 à 0m,0015 (1/2 à 2/3 l.).

Tête et *antennes* noires. *Pronotum* marqué vers la moitié de sa longueur, d'une ligne ou d'un sillon transverse; rouge sur sa moitié antérieure; marqué, sur sa postérieure, de deux taches noires, presque carrées, atteignant le bord latéral et séparées entre elles par une ligne rouge. *Écusson* noir, chargé d'un relief en forme de T. *Endocories* rouges, marquées d'un gros point noir vers les deux tiers ou trois quarts de leur longueur. *Cories* rouges, voilant à peine la tranche ; marquées avant la moitié de leur longueur, d'une tache noire, transverse, plus raccourcie à son côté interne, subarrondie sur celui-ci, rétrécie extérieurement, et touchant à peine le côté marginal : extrémité de l'exocorie à peine noire. *Membrane* noire ou d'un noir brun ; marquée d'un gros point blanc sur son disque, d'une tache à son angle antérieur et d'une tache apicale de même couleur. *Dessus de l'abdomen* rouge, avec la base et le 6e arceau noirs : 2e à 5e arceaux marqués d'un point marginal noir. *Bec* noir, prolongé jusqu'aux pieds intermédiaires. *Poitrine* noire, avec la partie antérieure de l'antépectus parée d'une bande transversale rouge ; parfois rouge à son angle postérieur. *Repli* de l'exocorie rouge. *Ventre* rouge, avec la base et le 6e arceau noirs : les 3e, 4e et 5e arceaux et partie du 2e, rouges : les 2e à 5e marqués d'un point marginal, noirs. *Pieds* noirs ; hanches rouges. *Cuisses*, surtout les antérieures, sensiblement renflées; inermes ainsi que les jambes.

Cette espèce n'est pas rare dans le Lyonnais et dans nos provinces méridionales. On la trouve sous les écorces, depuis octobre à février.

Variété *α*. Les hémiélytres sont quelquefois raccourcies de moitié.

Elle se distingue de toutes les précédentes par sa petitesse.

Genre *Graphostethus*, Graphostêthe, Staol.

Staol. Hemipt. Fabr., p. 75.

Caractères. Ajoutez à ceux de la branche :

Pronotum sans fossette ou marqué d'une fossette longitudinale au côté interne des angles huméraux; bord postérieur de cette partie, en ligne transverse à peu près droite. *Bord postérieur du postpectus* en ligne oblique. *Bec* ordinairement prolongé jusqu'au premier arceau ventral.

1. **Graphostethus pedestris**, SCHILLING

Tête noire. Antennes noires, avec l'extrémité du 1er article et le 2e article d'un rouge testacé. Pronotum noir sur les trois quarts antérieurs, blanchâtre sur le tiers postérieur des côtés, d'un rouge testacé à la base, jusqu'aux calus huméraux, qui sont noirs. Cories d'un cendré testacé, marquées à l'extrémité d'une tache blanche, précédée d'une tache noire. Membrane brune; notée à l'extrémité d'une tache ronde blanche, et parfois d'une tache de même couleur en devant. Pieds d'un rouge testacé, cuisses avec une tache et l'extrémité des jambes, noires.

♂ *Arceau anal* convexe, presque en cercle. Cuisses antérieures renflées, munies de deux dents en dessous.

♀ *Arceau anal* en angle dirigé en devant.

Lygaeus pedestris, PANZER, Faun. Ins., p. 92, 14.
Pachymerus pedestris, SCHILLING, Beitr., p. 70, 10, pl. VI, fig. 7. — HAHN, Wanz., t. I, p. 62, pl. 10, fig. 38. — BURMEIST, Handb. t. II, p. 296, 5. — ASSMANN, Catal., p. 70, 17. — BAERENSP., Cat. p. 10.
Graphostethus pedestris, PUTON, Cat., p. 20.
Raglius, AMYOT, Rhynch., p. 141, 133.

Long. 0m0067 (3 l.) ; — larg. 0m0017 (3/4 l.).

Tête noire. *Yeux* d'un brun rouge. *Antennes* prolongées environ jusqu'à la moitié du corps; à 1er article dépassant du tiers de sa longueur le bord antérieur de la tête, noir, avec l'extrémité d'un rouge testacé : le 2e d'un rouge testacé : les deux suivants noirs : le 4e fusiforme, aussi long que le 3e. *Pronotum* trapézoïde, à peine relevé en rebord sur les côtés; noir sur les trois quarts antérieurs de sa longueur ; chargé, en devant, d'une bande transverse tuméfiée ; blanchâtre sur le tiers postérieur de ses côtés : marqué d'une tache noire sur chaque calus huméral, d'un rouge testacé blanchâtre, sur le cinquième postérieur de sa longueur, depuis une fossette humérale jusqu'à l'autre. *Endocories* d'un rouge testacé pâle ou d'un cendré testacé, séparées des cories par une ligne blanche, parfois avec une petite tache noire à la base. *Cories* d'un cendré ou pâle testacé, en partie ponctuées de noir; marquées d'une tache blanche à l'extrémité, et au-devant de celles-ci, d'une tache noire presque triangulaire ou trapéziforme, parfois testacée au côté interne de cette dernière. *Membrane* brune ; marquée d'une grosse tache blanche, arrondie, située à l'extrémité, et parfois d'une tache blanchâtre en devant; chargée de quatre ou cinq nervures souvent blanchâtres. *Hémi-élytres* prolongées jusqu'à l'extrémité du corps. *Dessous de la tête* non canaliculé jusqu'à sa base ; pièces basilaires nulles postérieurement. *Bec* prolongé jusqu'au premier arceau ventral, noir au moins sur le 1er article, parfois rouge sur les autres. *Poitrine* noire, avec le bord postérieur des segments d'un rose blanchâtre. *Hanches* d'un rose pâle. *Pieds* de médiocre longueur, d'un roux testacé : les cuisses antérieures marquées d'une grosse tache noire : les intermédiaires marquées d'une tache noire plus petite : les postérieures notées d'un anneau noir ; extrémité des jambes, noire.

Nous n'avons pas trouvé cette espèce en France, mais peut-être s'y rencontre-t-elle.

Elle se présente souvent sous une forme brachyptère, c'est-à-dire avec des hémiélytres réduites à des moignons, ne dépassant pas le métathorax ; la membrane et les ailes nulles.

A cet état anormal se rapporte l'insecte suivant :

Apterola Kunckeli, MULS. et REY, Opusc. ent., 14e cahier, p. 44.

Dessus du corps garni d'une très courte pubescence ; d'un brun noir mat. *Antennes* d'un brun noir. *Pronotum* trapézoïde ; d'un brun noir, avec le bord antérieur finement bordé de blanc rose et marqué de trois gros points de même couleur, attenant à ce bord antérieur ; marqué de trois taches de même couleur liées au bord postérieur : une sur chaque angle huméral ; une triangulaire, au milieu de sa largeur. *Écusson* presque en demi-cercle, un peu tronqué postérieurement ; d'un noir brun ; marqué d'une ligne médiane rose. *Hemiélytres* réduites à des moignons, dépassant à peine l'écusson ; d'un rouge brunâtre. *Membrane* et *ailes* nulles. *Dessus de l'abdomen* à découvert ; d'un brun ou brun noir mat; marqué d'une tache rose sur la moitié de sa tranche. *Bec* prolongé jusqu'au 2e arceau du ventre. *Pièces basilaires* non prolongées jusqu'à la base de la tête. *Poitrine* d'un noir brun ; partie antérieure, côté et bord postérieur de l'antépectus et une tache au côté interne de ses flancs. bord postérieur et une tache au côté interne des flancs du médipectus, bords latéraux et postérieurs et orifices odorifiques, d'un rose blanchâtre. *Ventre* d'un brun noir, avec une tache rose marginale, sur chaque arceau. *Pieds* d'un brun noir : cuisses de devant renflées, inermes.

Cet état incomplet a été trouvé près de Malaga, par M. Kunckel.

Genre *Lygaeosoma*, LYGAEOSOME, Spinola.

SPINOLA, Essai (1840), p. 254.

Corps ovalaire. *Tête* en triangle, plus large postérieurement que longue sur sa ligne médiane ; déclive en devant. *Yeux* débordant un peu les angles du pronotum. *Ocelles* situés près du bord postéro-interne des yeux. *Antennes* de quatre articles : le 1er épais, obconique, le plus court : les 2e et 3e cylindriques, moins épais que les autres ; le 2e le plus large : le 4e fusiforme, plus épais que le 3e et au moins aussi long. *Pronotum* trapézoïde ; chargé d'une faible carénule sur la ligne médiane ; creusé d'une fossette longitudinale ou oblique au côté interne des angles huméraux. *Écusson* obtriangulaire. *Endocories* de largeur égale. *Cories* en ligne oblique non sinueuse, à leur bord postérieur. *Membrane* chargée de nervures. *Dessous de la tête* sillonné. *Bucculcs* prolongées jusqu'à la base. *Bec* à 1er article atteignant le bord antérieur de l'antépectus. *Bord postérieur* du postpectus, en ligne oblique. 5e arceau du ventre de la ♀ dirigé en ligne presque droite à son bord postérieur, vers le bord marginal. *Pieds* de longueur médiocre : cuisses antérieures renflées, inermes.

1. **Lygaeosoma reticulata**, HERRICH-SCHAEFFER.

Tête et pronotum pubescents, d'un gris brun ou en partie roussâtre. Tête subconvexement déclive en devant. Pronotum trapézoïde ; ponctué : marqué vers la moitié de sa longueur d'une dépression transversale ; chargé d'une légère carène médiane jaunâtre. Ecusson en triangle subéquilatéral, à côtés droits, chargé d'un relief en forme de T. Cories grises ou d'un gris brun, à nervures blanches, réticulées. Membrane brune postérieurement, lisérée de petites taches blanchâtres et parée d'une ligne marginale interne et d'une tache semi-lunaire blanches. Dessous du corps gris brun. Cuisses brunâtres, inermes. Jambes et tarses testacés.

Heterogaster reticulatus, HERRICH-SCHAEFFER, Wanzen, t. IV, (1839), p. 77, fig. 405.
Lygaeosoma sardea, SPINOL., Essai (1841), p. 256.
Pachymerus variabilis, RAMBUR, Faun. Andal (Hemiptère), p. 152, 12.
Lygaesoma sardeum, COSTA, Cim. R. N. 3e centurie, p. 16 (213), 1.
Lygaeosoma reticulata, FIEBER., Hemipt., 168, 2. — STAOL, Mém. de l'Acad., de Stock., 1872, p. 42. — Id., tiré à part, p. 42.
Lygaeosoma reticulatum, PUTON, Cat., p. 44 ; — Lyg. 11, 1.
Enstagonia, AMYOT, Rhynch., p. 159, 166.

Long. 0m,0032 à 0m,0036 (1 1/2 à 1 2/3 l.) ; — larg. 0,0012 à 0m,0016 (1/2 à 2/3 l.).

Tête triangulaire, déclive à partir des yeux ; grise, pubescente, ponctuée sur sa moitié postérieure. *Yeux* bruns, débordant un peu les angles antérieurs du pronotum. *Antennes* à peine aussi longues que la moitié du corps ; pubescentes ; à 1er article épais, le plus court : les 2e et 3e cylindriques, moins épais, garnis de poils : le 2e le plus long : le 4e subfusiforme. *Pronotum* trapézoïde ; pubescent ; gris ou d'un gris brun, souvent plus ou moins roussâtre, surtout postérieurement, sur le tiers médiaire de sa largeur : marqué de points enfoncés, bruns, presque nuls près de son bord postérieur ; rayé d'une ligne transverse, près des angles antérieurs, un peu arquée en arrière jusqu'au quart, interrompue dans son milieu ; chargé sur sa ligne médiane, d'une carène plus ou moins faible et ordinairement jaunâtre ; creusé d'une fossette longitudinale ou oblique au côté interne du calus huméral saillant, en ligne transverse, presque droite à son bord postérieur. *Écusson* un peu plus large que long ; à côtés droits ; pubescent, gris, ponctué ; chargé d'une carène jaunâtre à son extrémité ; offrant souvent, en devant, une saillie transverse plus ou moins faible, figurant avec la carène un T. *Endocories* étroites, d'une largeur égale, grises ou d'un gris cendré ; marquées vers l'extrémité d'une tache d'un brun roux. *Cories* grises ou d'un gris cendré ; garnies de nervures ordinairement blanchâtres : la nervure longitudinale la plus voisine du bord interne, bifurquée postérieurement ; offrant entre elle et la nervure suivante une cellule en ovale allongé et postérieurement deux cellules plus petites ; chargées de trois ou quatre cellules près du bord externe : ces nervures et cellules souvent peu distinctes. *Membrane* brune, parée postérieurement d'une bordure de taches blanchâtres et de deux taches blanches : l'une, linéaire, au côté interne de la membrane; l'autre, en demi-lune, au milieu du bord postérieur de la corie. *Dessus* de l'abdomen gris brun, marqué de taches rougeâtres. *Tranche* en partie visible, marquetée de brun et de rougeâtre. *Bec* brun, à peine prolongé jusqu'aux pieds postérieurs. *Dessous du corps* gris ou d'un gris brun, pubescent. *Orifices* rougeâtres. *Pieds* pubescents. *Cuisses* inermes, grises ou d'un gris brun : les antérieures renflées. Jambes et tarses testacés ou d'un roux testacé.

Cette espèce est commune dans le Midi, au pied des plantes basses et dans les tas d'herbes sèches.

Obs. Quelquefois les nervures sont presque de la couleur du fond des cories et par conséquent peu distinctes. La tache linéaire blanche des cories manque quelquefois.

DEUXIÈME BRANCHE

LES AROCATAIRES

Caractères. *Cories* non sinueuses à leur bord postérieur, après l'extrémité de leur côté interne. *Tête* en triangle plus long à la base, y compris les yeux, que long sur sa ligne médiane; tuméfiée derrière les yeux, séparée par un bourrelet du bord antérieur du pronotum. *Pronotum* élargi d'avant en arrière, plus large à sa base que long sur sa ligne médiane; paré en devant d'une bande transversale rouge, tuméfiée; chargé sur son milieu d'une petite carène. *Écusson* obtriangulaire; au moins aussi long qu'il est large à la base; chargé d'un relief en forme de T. *Hémiélytres* prolongées au moins jusqu'à l'extrémité du corps. *Endocories* parallèles. *Cories* chargées de deux nervures. *Membrane* chargée de cinq nervures dont les deux internes naissent d'une cellule. *Bec* non prolongé jusqu'au 1er arceau ventral; à 1er article atteignant à peine le bord de l'antépectus. *Gouttière* submarginale, à peine ou non canaliculée. *Cuisses* linermes.

Cette branche est réduite au genre suivant :

Genre *Arocatus*, Arocate, Spinola.

Spinola, Essai, p. 257.

Ajoutez aux caractères précédents :

Ocelles presque aussi en arrière que le bord postérieur des yeux. *Antennes* un peu plus longuement prolongées que la tête et le pronotum ; à 1er article épais, dépassant peu la partie antérieure de la tête : les 2e et 3e filiformes : le 2e le plus long : le 4e légèrement fusiforme, variablement aussi long ou un peu moins long que le 3e. 1er *article des tarses* au moins aussi long que les deux suivants réunis. *Corps* plat en dessus; ovale-oblong.

Tableau des espèces :

a. *Pieds* noirs. *Cories* d'un rouge roux, avec le bord externe et la moitié des cories d'un brun noir. *Tranche marginale* rouge. Roeseli.

aa. *Pieds* rouges, avec une tache sur les cuisses et le dernier article des tarses, noirs. *Cories* d'un rouge roux, ornées d'une tache discale subtriangulaire noire. *Tranche marginale* annelée de rouge et de noir. . . . . , ... melanocephalus.

1. **Arocatus Roeseli**, Schilling.

Tête et antennes noires. Pronotum brièvement noir après le cou, puis paré d'une bande transversale rouge tuméfiée ; noir sur le reste, avec les bords latéraux, et souvent la partie médiaire du bord postérieur, rouges. Écusson noir. Endocories rouges, ornées, sur leur disque, d'une tache subtriangulaire d'un brun noir. Membrane d'un brunmétallique. Tranche ordinairement rouge. Bec prolongé jusqu'aux pieds postérieurs. Poitrine noire : quelques parties et orifices sudorifiques, rouges. Pieds noirs.

♂ 5e et 6e *arceaux* dirigés en ligne transverse droite vers le bord marginal. Arceau anal presque orbiculaire, non fendu.

♀ 5e *arceau* dirigé en ligne oblique vers le bord marginal, à partir du milieu du 4e arceau. 6e arceau en angle dirigé en avant, fendu dans sonmilieu.

Lygaeus Roeseli, SCHILLING, Beitr. p. 60. 4, pl. 3, fig. 2. — PANZER, Faun. Ins. 127, 10. — ASSMANN, Catal. p. 60, 2.
Tetralaccus Roeseli, FIEBER, Hemipt. p. 164.
Arocatus Roeseli, BAERENSPR. Catal. p. 8. — PUTON, p. 20 ; — Lyg. 12, 2.

Long. 0,m,0060 à 0m,0065 (2 3/4 à 3 l.); — larg. 0,0019 (7/8 l.).

Corps oblong, à peine pubescent. *Tête et antennes* noires. *Pronotum* paré, en devant, d'une bande transversale rouge et tuméfiée ; également rouge sur les côtés ; noir et ponctué sur le reste, avec la moitié médiaire de son bord postérieur rouge et lisse ; chargé, depuis la bande rouge antérieure, d'une étroite carène non prolongée jusqu'à la base. *Écusson* obtriangulaire, noir, ponctué ; chargé d'un relief en forme de T. *Endocories* d'un rouge roux ; marquées postérieurement d'une tache ovale, brune ou nébuleuse, ponctuée. *Cories* d'un rouge roux, marquées d'une tache discale subtriangulaire, allongée, ne touchant ni le bord interne ni ou à peine le bord externe des cories, distante de leur extrémité d'un tiers de leur longueur. *Membrane* d'un brun ou brun noir bronzé. *Dessus de l'abdomen* rouge. *Bec* noir ; prolongé jusqu'aux pieds postérieurs. *Poitrine :* côtés de l'antépectus et bord postérieur du postpectus, rouges, *Orifices* roses. *Ventre* rouge ou d'un rouge jaune ; marqué d'une tache noire, ponctiforme sur les stigmates : ces taches parfois prolongées jusqu'au bord marginal. *Pieds* noirs.

Cette espèce vit sur les pins. On la trouve principalement sous les écorces de ces arbres.

2. **Arocatus melanocephalus**, FABRICIUS.

Tête et antennes noires. Pronotum noir et ponctué derrière le cou, paré ensuite d'une bande transversale rouge et tuméfiée ; bords latéraux et moitié médiaire du bord postérieur, rouges ; noir et ponctué sur le reste. Endocories d'un rouge roux, marquées d'une tache postérieure noirâtre. Cories d'un rouge roux, avec le bord externe et le tiers ou presque la moitié postérieure, d'un noir bronzé. Dessus de l'abdomen rouge, marqué d'un point et d'une tache marginale noirs. Bec prolongé jusqu'aux hanches intermédiaires. Poitrine noire, avec le rebord antérieur et une partie des côtés de l'antépectus, le bord postérieur du postpectus et les orifices, rou-

ges. Ventre d'un rouge jaune. Stigmates et une tache marginale noirs. Pieds rouges : cuisses marquées d'une tache noire.

♂ 5e et 6e *arceaux* dirigés en ligne transverse droite vers le bord marginal. Arceau anal suborbiculaire, noir ou nébuleux.

♀ 5e et 6e *arceaux* dirigés en ligne oblique vers le bord marginal. Arceau anal en angle dirigé en avant ; rouge.

Lygaeus melanocephalus. FABRICIUS, Suppl. Ent. Syst. p. 540, 75. — Id. Syst. Rhyng. p. 224, 95.— COQUEBERT, Illustr. Icon. decas, t. I. p. 57, pl. IX, fig. 11. SCHILLING, Beitr. I, p. 61, 5. — BURMEIST. Handb. t. II, p. 297, 7.
Arocatus melanocephalus. SPINOLA, Essai, p. 257. — FIEBER, Hemipt. p. 167. — PUTON, Lyg. 12, 1.
Melandiscus, AMYOT, Rhynch. p. 133.

Long. 0^m,0060 à 0^m,0068 (2 3/4 à 3 l.) ; — larg. 0^m,0019 (7/8 l.).

Oblongue. *Tête* noire, à peine ou très-finement ponctuée. *Antennes* noires. *Pronotum* trapézoïde ; brièvement noir et ponctué après le cou, paré ensuite d'une bande transversale rouge, lisse, tuméfiée ; à bords latéraux de même couleur ; également rouge sur la moitié ou sur les deux tiers médiaires de son bord postérieur, et sur une longueur variable au-devant de celui-ci ; marqué, après la bande transversale rouge et lisse, d'une bande noire, transverse, laissant les côtés rouges et s'inclinant en arrière, jusqu'à chaque fossette humérale, en enclosant la partie rouge du bord postérieur ; noté, après la bande rouge, de quatre points ou fossettes transversalement disposées, et d'une carène médiane plus ou moins courte ; marqué sur la bande noire, d'une ponctuation assez grossière, affaiblie en approchant du bord postérieur ; creusé d'une fossette au côté interne de l'angle huméral. *Écusson* noir, en triangle, presque aussi long qu'il est large à la base ; à côtés droits ; chargé d'un relief en forme de T ; ponctué sur les côtés. *Endocories* d'un rouge roux à la base, en partie brunes postérieurement. *Cories* rouges ou d'un rouge roux à la base, avec leur moitié postérieure et le bord externe de l'exocorie bruns ou d'un brun noir et métallique. *Membrane* d'un brun métallique. *Dessus* de l'abdomen rouge : tranche marquetée de noir et de rouge. *Dessous de la tête* noir : lames buccales bordées de rouge. *Bec* noir ; prolongé jusqu'aux pieds intermédiaires. *Poitrine* noire ou d'un noir gris ; ponctuée : bords antérieurs, latéraux et postérieurs de l'antépectus, bord postérieur des médi et postpectus, rouges. *Orifices* sudorifiques, rouges. *Ventre* rouge ou d'un rouge jaune, avec les segments noirs : ces taches noires parfois prolongées jusqu'au bord marginal. *Pieds* rouges : cuisses marquées d'une tache noire, vers leur extrémité : base des jambes et dernier article des tarses, noirs : cuisses antérieures médiocrement renflées, inermes.

Cette espèce se trouve sur les pins. Elle est plus commune ou moins rare que la précédente.

TROISIÈME BRANCHE

LES ORSILLAIRES

Caractères. *Cories* sinueuses à leur bord postérieur, à l'extrémité de leur côté externe. *Pronotum* élargi d'avant en arrière ; plus large à son bord postérieur que long sur sa ligne médiane ; en ligne presque droite et à peine bordé d'une membrane à son bord postérieur. *Bec* de longueur variable, selon les genres.

Ces insectes se partagent en deux genres :

Genres.

a. *Tête* allongée en un cône plus long sur sa ligne médiane que large à sa base. Angle antéro-externe du tubercule antennifère saillant, vif. *Écusson* à côtés droits. *Bec* prolongé au moins jusqu'au 3e arceau ventral. *Cuisses antérieures* munies de petites épines sur leur partie inféro-antérieure. *Corps* allongé ou suballongé (d'environ 3 lignes), plat en dessus, peu ponctué. . . . . Orsillus.

aa. *Tête* en triangle plus large que long. Angle antéro-externe du tubercule antennifère non saillant, émoussé. *Écusson*, au moins en partie, arqué sur les côtés. *Bec* non prolongé jusqu'au 3e arceau ventral. *Cuisses antérieures* inermes. *Corps* ovalaire ou peu allongé (ne dépassant guère 2 lignes), ponctué. . . . . Nysius.

Genre *Orsillus*, Orsille, Dallas.

Dallas Catal. (1852), p. 551.

Caractères. *Tête* en cône, plus longue sur sa ligne médiane que large à sa base. *Angle* antéro-externe du tubercule antennifère, saillant, aigu. *Épistome* séparé des joues par des sutures distinctes. *Yeux* saillants, séparés du bord antérieur du pronotum. *Pronotum* élargi d'avant en arrière, en ligne d'abord arquée, puis droite ; déprimé en dessus ; creusé d'une fossette humérale. *Écusson* obtriangulaire ; à côtés droits ; offrant souvent au milieu de son bord postérieur une fossette, et postérieurement une carène. *Cories* sinueuses à leur bord postérieur, à l'extrémité de leur côté interne. *Membrane* à cinq nervures. *Buccules* ou lames buccales nulles ou presque nulles. *Bec* prolongé au moins jusqu'au 3e arceau ventral ou même jusqu'à l'extrémité. 2e et 3e arceaux du ventre creusés d'un sillon médiaire. *Cuisses antérieures* munies de petites épines sur leur partie antéro-inférieure. *Corps* allongé ou suballongé ; plat en dessus ; peu ponctué.

Tableau des espèces :

Bec
- très grêle, aussi long ou presque aussi long que que le corps. *Prothorax* avec un point subantical obscur. *Dessous de la tête*, *poitrine* et *base du ventre* largement et fortement rembrunis dans leur milieu. Les 3e et 4e *arceaux du ventre* non sillonnés. Le *dernier article* du bec entièrement obscur. *Membrane* débordant le sommet de l'abdomen. . . . . *maculatus*.
- grêle, dépassant un peu ou à peine le 3e arceau ventral. *Prothorax* et *écusson*
  - avec un trait longitudinal noir. *Dessous de la tête*, *poitrine* et *base du ventre* plus ou moins rembrunis dans leur milieu. Les 3e et 4e *arceaux du ventre* non ou à peine sillonnés. *Dernier article du bec* entièrement obscur. *Membrane* débordant le sommet de l'abdomen. . . . . *depressus*.
  - sans trait longitudinal noir. *Poitrine* seule rembrunie dans son milieu. Les 3e et 4e *arceaux du ventre* sensiblement sillonnés sur leur ligne médiane. *Dernier article du bec* obscur seulement vers son extrémité. *Membrane* n'atteignant pas le sommet de l'abdomen. . . . . *Reyi*.

1. **Orsillus maculatus**, Fieber.

Oblong, déprimé, un peu rétréci en avant, roux, avec la moitié postérieure du pronotum, l'endocorie, le sommet de l'écusson et les pieds, pâles ; un point subantical du pronotum, le dernier article du bec, le dessous de la tête, la poitrine et le milieu de la base du ventre, rembrunis ; les hémié-

lytres marquées de pâle et de roux brun, et la marge abdominale annelée de pâle et de roux brun. Tête oblongue, conique, presque mate. Bec de la longueur du corps. Pronotum transverse, assez brillant, assez fortement et modérément ponctué. Écusson fortement, densement et rugueusement ponctué. Hémiélytres subpubescentes, subruguleuses, mates; membran subréticulée, dépassant l'abdomen.

♂ Le 7e *arceau ventral* semi-circulairement échancré à son extrémité. Le 8e court, caché sur les côtés ; à bord postérieur subrectiligne, en forme de corde sous-tendant le fond de l'échancrure du précédent. Le *dernier* assez convexe, transverse, creusé avant son sommet d'une fossette profonde.

♀ Les 5e et 6e *arceaux du ventre* fortement, triangulairement et aigument entaillés jusqu'à la rencontre du 4e, avec leurs côtés obliques subrectilignes ou à peine redressés en dehors. Le 7e subcaréné sur sa ligne médiane, triangulairement et assez profondément échancré à son extrémité. Le *dernier* à 4 valves distinctes : les deux médianes simultanément et légèrement convexes dans leur milieu, ovale-oblongues, individuellement arrondies à leur sommet, offrant à leur base une pièce en losange transverse ou scutellée, située au fond de l'échancrure du précédent, auquel elle semble appartenir : les latérales moins grandes, en forme d'onglet.

Mecoramphus maculatus, FIEBER, Eur. Hem. 173.
Orsillus longirostris, MULSANT et REY, Op. Ent. XIV, 1870, 232, 1.
Orsillus maculatus, PUTON, Lyg., 13, 1.

Long., 0m,0070 à 0m,0080 (3 1/5 à 3 2/3 l.); — larg., 0m,0034 (1 1/2 l.).

Corps oblong, déprimé, un peu plus étroit antérieurement ; d'un roux peu brillant varié de pâle. *Tête* en forme de cône oblong, un peu resserrée à sa base derrière les yeux ; aussi large, ceux-ci compris, que le prothorax à son quart antérieur ; longitudinalement convexe ; à peine pubescente ; distinctement rugueuse ; d'un roux ferrugineux presque mat. *Épistome* assez étroit, subparallèle ou parfois un peu élargi vers son extrémité, débordant sensiblement les joues qui sont en pointe aiguë. *Bec* aussi long que le corps, à dernier article entièrement obscur. *Yeux* très saillants, subarrondis, brunâtres. *Antennes* assez grêles, un peu plus longues que la tête et le prothorax réunis : finement et brièvement pubescentes ; rousses avec le 1er article un peu plus pâle ; celui-ci assez épais, le 2e grêle, deux fois aussi long que le précédent, sublinéaire ou à peine plus épais vers son extrémité : le 3e grêle, sensiblement moins long que le 2e, sublinéaire ou à peine plus épais vers son sommet : le dernier très finement duveteux, évidemment moins long et un peu plus épais que le 3e, en forme de fuseau allongé et subcylindrique, subacuminé au sommet. *Prothorax* en forme de trapèze transverse ou sensiblement plus large que long ; presque d'un tiers moins large en avant qu'en arrière, où il est de la largeur des élytres ; brusquement rétréci avant son sommet, avec celui-ci largement ou à peine échancré et les angles antérieurs obtus ; à côtés obliques, subsinués vers leur milieu, avec les angles postérieurs gibbeux et arrondis ; faiblement bisinué dans le milieu de sa base avec celle-ci un peu obliquement coupée de chaque côté ; légèrement convexe en arrière, largement et transversalement impressionné sur toute sa largeur dans son tiers antérieur ; non ou à peine pubescent ; assez fortement ponctué avec la ponctuation modérément et inégalement serrée, ordinairement plus lâche et moins forte en arrière et le calus des angles postérieurs lisse ; d'un roux peu brillant sur son tiers ou sa moitié antérieure, d'un pâle assez brillant sur le reste de sa surface, avec un faible liséré de même couleur à son sommet. *Écusson* triangulaire, à pointe mousse, relevé en carène obtuse avant celle-ci ; à surface offrant sur son milieu une élévation ou convexité transversale, en forme d'arc à louverture dirigée en avant ; à peine pubescent, fortement, profondément, densement et rugueusement ponctué avec la carène posticale presque lisse ; obscur à sa base, plus ou moins pâle à son extrémité. *Hémiélytres*, membrane comprise, environ 3 fois et demi aussi longues que le prothorax ; subparallèles sur leurs côtés jusque environ leur milieu après lequel elles se rétrécissent un peu pour s'arrondir assez fortement et simultanément au sommet de la membrane. *Cories* prolongées jusqu'au bord postérieur du 5e segment abdominal ; déprimées ; à peine pubescentes avec la pubescence très courte, pâle et brillante ; densement rugueuses ; d'un roux presque mat, plus ou moins brunâtre et marqueté de taches plus pâles, avec le clavus ou endocorie généralement d'une teinte pâle uniforme. *Membrane* à nervures assez distinctes ; plus ou moins ridée ou subréticulée ; d'un roux assez brillant et plus ou moins pâle, débordant sensiblement le sommet de l'abdomen. *Dessous du corps* à peine pubescent, ruguleux, d'un roux peu brillant avec l'extrémité du ventre plus pâle ; le dessous de la tête et la poitrine, moins les articulations et les côtés, largement et fortement rembrunis ou noirs ; la base du ventre dans son milieu entre les hanches postérieures, de cette dernière couleur, ainsi qu'un trait sur le milieu de l'intersection qui sépare les 3e et 4e arceaux, et parfois des taches nébuleuses près des stigmates. *Tranche latérale de l'abdomen* annelée de pâle et de roux brunâtre. *Pieds* légèrement pubescents avec la pubescence brillante; d'un testacé brillant, pâle ou livide, avec les *ongles* obscurs, et les *cuisses* parées en dessus avant leur extrémité d'un large anneau oblique, parfois peu apparent, composé de points roux et nébuleux.

PATRIE. Ile de Porquerolles près d'Hyères (Provence), sur les pins.

OBS. Cette espèce ressemble beaucoup à l'*Orsillus depressus*. Outre le développement remarquable de son bec, elle en diffère par sa tête plus oblongue, par le 2e article des antennes un peu plus allongé, et par le trait noir du prothorax réduit à un point situé sur le tiers antérieur de la ligne médiane.

2. **Orsillus depressus**, MULSANT et REY.

Oblong, déprimé, un peu rétréci en avant, roux, avec le pronotum, le sommet de l'écusson et les pieds, plus pâles ; une ligne longitudinale du pronotum et de l'écusson, et le dernier article du bec, noirs ; le dessous de la tête, la poitrine et le milieu de la base du ventre, rembrunis ; les hémiélytres tachetées d'obscur ; la marge abdominale annelée de brun et de pâle, et les cuisses avec un anneau nébuleux. Tête triangulaire, rugueuse, presque mate. Bec dépassant à peine le 3e arceau du ventre. Pronotum transverse, assez brillant, fortement et modérément ponctué. Écusson assez fortement et rugueusement ponctué. Hémiélytres subpubescentes, subruguleuses, mates ; membrane subréticulée, subtranslucide, dépassant l'abdomen.

♂ Le 7e *arceau ventral* fortement et circulairement échancré à son extrémité. Le 8e court, caché sur les côtés ; à bord postérieur subrectiligne, en forme de corde sous-tendant le fond de l'échancrure du précédent. Le *dernier* assez convexe, transverse, creusé avant son sommet d'une fossette très profonde.

♀ Les 5e et 6e *arceaux du ventre* fortement, triangulairement et aigument entaillés jusqu'à la rencontre du 4e, avec leurs côtés obliques, presque subrectilignes ou avec ceux du 6e un peu redressés en dehors. Le 7e subcaréné sur sa ligne médiane, triangulairement et assez fortement échancré à son extrémité. Le *dernier* à 4 valves distinctes : les deux médianes assez convexes, ovale-oblongues, offrant à leur base une pièce en losange, située au fond de l'échancrure du précédent, auquel elle semble appartenir et sur laquelle se prolonge, en s'effaçant, la carène de celui-ci : les latérales un peu moins grandes, en forme d'onglet.

Heterogaster depressus. MULSANT et REY, Opusc. Ent. I, 1852, 112.
Orsillus depressus, MULSANT et REY, Opusc. Ent. XIV, 1870, 235, 2.
Orsillus depressus, PUTON, Lyg. 14, 2.

Long., 0m,0078 (3 1/2 l.) ; — larg., 0m,0034 (1 1/2 l.).

PATRIE. Les montagnes du Lyonnais et la France méridionale. Sur les pins.

OBS. Cette espèce est remarquable par le trait longitudinal noir de son prothorax, lequel trait se retrouve aussi sur la base de l'écusson.

Il est difficile de dire à quelle espèce appartient l'*Orsillus depressus* de Dallas (Cat. p. 551, I, pl. XV, fig. 2. (1852). La description semble indiquer notre *Orsillus planus* décrit ci-après, mais le dessin représente tout à fait la forme de notre *Orsillus depressus ?*

3. **Orsillus Reyi**, PUTON.

Suballongé, fortement déprimé, distinctement rétréci en avant, roux avec la moitié postérieure du pronotum, le sommet de l'écusson, la membrane et les pieds pâles ; le dernier article du bec obscur au bout, le milieu de la poitrine rembruni, les hémiélytres marquetées de roux et de pâle, la marge abdominale annelée de roux et de pâle, et les cuisses mouchetées d'obscur en dessus. Tête oblongue, conique, rugueuse, presque mate. Bec dépassant un peu le 3e arceau du ventre. Pronotum subtransverse, assez brillant, fortement et assez densement ponctué. Écusson fortement, densement et rugueusement ponctué. Hémiélytres à peine pubescentes, subruguleuses, mates ; membrane réticulée, translucide, atteignant à peine le sommet de l'abdomen. Les 3e et 4e arceaux du ventre longitudinalement sillonnés sur leur milieu.

♂ Le 7e *arceau du ventre* fortement et circulairement échancré à son extrémité. Le 8e court, caché sur les côtés ; à bord postérieur en forme de corde sous-tendant le fond de l'échancrure du précédent. Le *dernier* convexe, transverse, creusé avant son sommet d'une fossette très profonde.

♀ Les 5e et 6e *arceaux du ventre* fortement et triangulairement entaillés jusqu'à la rencontre du 4e, avec les côtés obliques, subrectilignes ou à peine redressés en dehors. Le 7e obtusément caréné sur sa ligne médiane, triangulairement et assez fortement échancré à son extrémité. Le *dernier* à 4 valves distinctes : les deux médianes convexes, ovale-oblongues, individuellement arrondies à leur sommet ; offrant à leur base une pièce en forme de losange, située au fond de l'échancrure du précédent, auquel elle semble appartenir : les latérales moins grandes, en forme d'onglet.

Orsillus planus, MULSANT et REY, Op. Ent. XIV, 1870. 236, 3.
Orsillus Rey, PUTON, Lyg. 14, 3.

Long., 0m,0078 à 0m,0081 (3 1/2 à 3 2/3 l.) ; — larg., 0m0030 (1 1/3 l.).

Corps suballongé, fortement déprimé, graduellement et sensiblement rétréci en avant dès son milieu ; d'un roux peu brillant, un peu rougeâtre et varié de pâle. *Tête* en forme de cône oblong, un peu resserrée à sa base derrière les yeux ; un peu moins large, ceux-ci compris, que le prothorax à son quart antérieur ; légèrement et longitudinalement convexe en dessus ; à peine pubescente ; distinctement et densement rugueuse ; d'un roux rougeâtre presque mat et parfois assez foncé. *Épistome* étroit, subparallèle, débordant sensiblement les joues, qui sont en pointe aiguë. *Bec* grêle, dépassant un peu le 3e arceau ventral ; à dernier article roux à sa base, plus ou moins obscurci à son extrémité. *Yeux* très saillants, subarrondis, brunâtres. *Antennes* assez grêles, un peu plus longues que la tête et le prothorax réunis, finement pubescentes ; rousses avec le dernier article parfois un peu plus foncé ; le 1er sensiblement épaissi : le 2e grêle, plus de 2 fois aussi long que le précédent, sublinéaire ou à peine épaissi vers son extrémité : le 3e grêle, d'un quart environ moins long que le 2e, sublinéaire ou à peine épaissi vers son sommet : le dernier très finement duveteux, un peu plus épais et à peine moins long que le précédent, en fuseau très allongé et subcylindrique, subacuminé au sommet. *Prothorax* en forme de trapèze légèrement transverse ou un peu moins long dans son milieu que large à sa base ; d'un bon tiers moins large en avant qu'en arrière, où il est de la largeur des hémiélytres ; brusquement rétréci avant du sommet avec celui-ci évidemment subéchancré et les angles antérieurs obtus ; à côtés obliques, subsinués vers leur milieu, avec les angles postérieurs gibbeux et subarrondis ; faiblement bisinué à sa base avec celle-ci un peu obliquement coupée sur les côtés ; déprimé ou même largement et transversalement impressionné sur la majeure partie et sur toute la largeur de sa surface, avec la base un peu relevée ; légèrement pubescent antérieurement avec la pubescence courte et micacée ; fortement et assez densement ponctué avec le bord postérieur plus lisse ; d'un roux rougeâtre et presque mat dans sa moitié antérieure, pâle et assez brillant sur le reste de sa surface, *Écusson* triangulaire, à pointe assez aiguë ; un peu relevé à son sommet en carène obtuse ; à surface offrant dans son milieu une élévation transversale en forme de chevron très ouvert et à ouverture dirigée en avant ; légèrement pubescent avec la pubescence micacée ; fortement, densement et rugueusement ponctué avec la carène posticale presque lisse ; d'un roux un peu brillant avec la partie enfoncée de la base plus obscure et l'extrémité plus ou moins pâle. *Hémiélytres*, membrane comprise, environ 4 fois aussi longues que le prothorax ; subparallèles sur leurs côtés ou à peine rétrécies après leur milieu pour s'arrondir assez largement au sommet de la membrane. *Cories* prolongées jusque près de l'extrémité du 5ᵉ segment abdominal ; tout à fait déprimées ; à peine pubescentes ; densement subrugueuses ; d'un roux plus ou moins rougeâtre, mat et marqueté de taches pâles plus ou moins grandes, avec l'endocorie de cette dernière teinte intérieurement. *Membrane* pâle, translucide, à nervures bien distinctes, réticulée, n'atteignant pas le sommet de l'abdomen. *Dessous du corps* brièvement pubescent, ruguleux, d'un roux peu brillant avec la partie postéro-médiane du ventre plus pâle et le milieu de la poitrine rembruni ou noirâtre : celle-ci fortement ponctuée sur les côté avec les points obscurs. *Tranche latérale de l'abdomen* annelée de roux et de pâle. Les 3ᵉ et 4ᵉ *arceaux du ventre* sensiblement sillonnés sur leur ligne médiane pour recevoir l'extrémité du bec. *Pieds* légèrement pubescents avec la pubescence micacée et les *angles* obscurs. *Cuisses* obsolètement râpeuses et mouchetées en dessus de points nébuleux.

PATRIE. Aubagne près de Marseille, Hyères, Saint-Raphaël. Sur les pins.

OBS. Cette espèce ressemble plus à l'*Orsillus maculatus* qu'au *depressus*. Elle est plus allongée, plus étroite, plus déprimée, plus rétrécie antérieurement que ces deux espèces, avec le prothorax moins sensiblement transverse.

La tête plus oblongue, le dernier article du bec roux à sa base, son prothorax et son écusson sans trait ni point noirs, le dessous de la tête et la base du ventre non rembrunis dans leur milieu, les 3e et 4e arceaux de celui-ci sensiblement canaliculés ou sillonnés, la membrane raccourcie, tels sont les caractères saillants qui distinguent cette espèce de l'*Orsillus depressus*.

Genre *Nysius*, NYSIE, Dallas.

DALLAS, Catal. (1853). p. 551.

Tête plus large à sa base, y compris les yeux, que longue sur sa ligne médiane. *Angle* antéro-externe du tubercule antennifère non saillant. *Yeux* ordinairement comme enchâssés à la base, dans un anneau ; à peine ou non contigus au bord du pronotum ; assez saillants. *Pronotum* creusé d'une ligne transverse, anguleusement dirigée à ses extrémités vers les angles antérieurs, interrompue dans son milieu par une légère carène, dont la longueur varie ; offrant souvent, assez près des côtés, les traces plus ou moins sensibles d'un léger sillon longitudinalement prolongé, au moins depuis sa ligne transversale jusqu'à la fossette humérale creusée au côté interne de l'angle huméral ; en ligne transverse droite ou presque droite à son bord postérieur. *Écusson* obtriangulaire ; ordinairement, en partie au moins, arqué en dehors sur les côtés ; plus large à la base que long sur la ligne médiane ; offrant souvent au milieu de son bord antérieur une dépression ou fossette parfois accompagnée, de chaque côté, d'une saillie transverse, figurant avec la carène médiane qui la suit, une sorte de T. *Endocorie* séparée des cories par une ligne enfoncée. *Cories* chargées de deux nervures ; sinuées à leur bord postérieur, après l'extrémité de leur côté interne. *Membrane* chargée de cinq nervures. *Hémiélytres* couvrant le plus souvent la tranche de dessus de l'abdomen. *Buccules* ou lames buccales plus ou moins saillantes et plus ou moins prolongées. *Bec* non prolongé jusqu'au 1er arceau ventral. *Pieds* de longueur médiocre. *Cuisses* antérieures peu ou point renflées ; inermes.

Les Nysies sont de petits hémiptères qui se tiennent généralement au pied des plantes dont ils sucent le suc. Le dessous de leur corps est généralement pâle ou flavescent, et marqué de points enfoncés, souvent bruns ou brunâtres, qui modifient plus ou moins la teinte première. La couleur des antennes et des diverses parties de leur corps varie, et porte quelques auteurs à multiplier le nombre des espèces, qui d'ailleurs ont beaucoup d'analogie entre elles.

Tableau des espèces :

a. *Cories* ordinairement raccourcies, réduites à des moignons, parfois à peine plus longues que l'écusson, à leur angle postéro-interne. *Membrane* habituellement nulle. *Dernier arceau* normal du ♂ aussi long que les deux tiers de sa largeur. . . . . JACOBEAE.

aa. *Cories* de grandeur ordinaire, suivies d'une membrane ; souvent un peu arquées en dehors, après la base de leur côté externe.

b. *Hemiélytres* plus longues que le corps : buccules ou lames buccales prolongées jusqu'à la base de la tête ; assez souvent en s'affaiblissant postérieurement.

c. *Lames buccales* prolongées après la base de la tête sur une hauteur égale. Carène du prosternum visible sur toute sa longueur. *Dernier article des antennes* flavescent. . . . . GRAMINICOLA.

cc. *Lames buccales* affaiblies postérieurement.

d. *Carène du pronotum* peu visible après la ligne transversale. *Écusson* chargé d'une étroite carène sur les deux tiers postérieurs,

e. *Bec* noir. *Dernier article des antennes* brun ou brunâtre. *Cories* d'un blanc opaque, maculées de noir sur leurs nervures, munies postérieurement d'un trait transversal entier ou entrecoupé. THYMI.

ee. *Bec* en partie flave. *Dernier article des antennes* d'un blanc flavescent ou nébuleux. *Nervures de la corie* d'un blanchâtre transparent, sans taches brunes; munies au bord postérieur de celles-ci, d'un trait brun transversal, entier ou interrompu. . . . . SENECIONIS.

dd. *Carène du pronotum* visible depuis le bord antérieur jusqu'au postérieur. *Écusson* chargé, sur ses trois quarts postérieurs, d'une carène flave, épaisse en devant, rétrécie d'avant en arrière. HELVETICUS.

bb. *Hémiélytres* à peine aussi longues que le corps. *Lames buccales* nulles postérieurement. *Écusson* souvent tuberculé de chaque côté de la fossette basilaire ; chargé, après celle-ci, d'une carène flave jusqu'à l'extrémité. *Cories* en ligne droite à leur bord externe. PUNCTIPENNIS.

1. Nysius Jacobeae, SCHILLING.

Tête, pronotum et écusson d'un blanc flavescent, marqués de points bruns qui leur donnent une teinte plus ou moins grisâtre. Tête souvent flave sur sa ligne médiane, à peine saillante. Écusson presque en demi-cercle, chargé sur ses deux tiers postérieurs, d'une carène flave. Endocories et cories presque unies, ordinairement flaves, coriaces, réduites à des moignons. Membrane nulle. Ventre d'un blanc flavescent sur sa moitié longitudinale médiaire, avec la base et les côtés en grande partie bruns. Cuisses flaves, ponctuées de noir.

♂ *Arceau anal* presque orbiculaire.

♀ *Arceau anal* en angle dirigé en devant.

État microptère.

Heterogaster Jacobeae, SCHILLING, Beitr. p. 87, 6, pl. VIII, fig. 2.
Cymus Jacobeae, ASSMANN, Hemipt. p. 61, 4.
Nitheus, AMYOT, Rhynch. p. 169.

État macroptère.

Pachymerus Jacobeae, BOHEM. Nya Swensk. Hemipt. (Veter. Acad. Förhdl, (1852), p. 52, 4.
Nysius Jacobeae, FIEBER, Hemipt. p. 168, 1. — BAERENSPR. Catal. p. 9. — PUTON Catal. p. 20 ; — Lyg. 15, 2. — WALCK. Catal. p. V, p. 66, 3.

Long. 0m,0045 à 0m,0052 (2 à 2 1/3 l.) ; — larg. 0m,0022 (1 l.).

Ovalaire. *Tête, pronotum* et *écusson*, d'un blanc flavescent, mais marqués de points bruns ou brunâtres, qui lui donnent une teinte plus ou moins grise. *Antennes* à 1er article renflé, noir, à base brune : les 2e et 3e filiformes, d'un flave testacé, avec l'extrémité noire : le 4e subfiliforme, brun, à peine aussi long que le 3e. *Pronotum* rayé avant la moitié de sa longueur, d'une ligne transverse noirâtre ; chargé sur sa ligne médiane d'une carène à peine élevée, pâle ou flavescente ; offrant de chaque côté les traces de sillons juxtalatéraux. *Écusson* presque en demi-cercle, arqué sur les côtés, subarrondi à l'extrémité ; chargé, sur sa moitié postérieure au moins, d'une carène flave, offrant parfois en devant une faible saillie transverse. *Cories* presque unies à l'endocorie, coriaces, flaves, ordinairement réduites à des moignons, souvent à peine plus longues à leur angle postéro-interne que l'écusson. *Membrane* alors nulle. *Dessus de l'abdomen* flavescent ou d'un flavescent rougeâtre, avec des taches obscures ; tranche flavescente, avec un trait transverse près du bord externe de chaque arceau. *Bec* prolongé jusqu'aux pieds intermédiaires ; noirâtre. *Lames buccales* pâles, prolongées, en s'amincissant, jusqu'à la base du dessous de la tête. *Poitrine* grise. *Ventre* flavescent sur la moitié médiaire de sa largeur, marqué de brun noir à la base, et en majeure partie de cette couleur, de chaque côté de sa région médiane. *Tranche* flavescente, marquée sur chaque arceau, d'un trait transverse brun. *Hanches* flavescentes. *Cuisses* peu renflées ; flavescentes, ponctuées et tachées de brun. *Jambes* et *tarses* flaves ou flavescents.

Cette espèce se trouve sur le *Senecio Jacobaea* et sur quelques autres plantes, dans les parties montagneuses de la France. Nous l'avons prise à la Chartreuse.

Elle n'a pas été prise, dans notre pays, dans son état complet, qui paraît n'être pas rare en Suède.

Dans l'état macroptère, les cories sont flaves ou d'un blanc d'ocre, chargées de nervures raccourcies, brunes ; la membrane hyaline a des nervures à peine obscures, dont les deux internes ne sont pas réunies à la base par une nervure transverse.

2. **Nysius graminicola** (**Kolenati**), Fieber.

Tête, pronotum et écusson d'un blanc cendré ou flavescent, marqué de points brunâtres ou à peine nébuleux ; souvent paré d'une trace noire, au côté interne des yeux. Antennes d'un flave testacé, à 1er article parfois nébuleux. Pronotum rayé, vers le quart de sa longeur, d'une ligne transverse noire; chargé d'une fine ligne médiane blanchâtre, plus affaiblie après la ligne transverse jusqu'au bord postérieur. Écusson à côtés un peu arqués, muni au milieu de sa base, d'une fossette noire, suivie d'une carène flavescente. Cories flaves, marquées postérieurement d'un trait entier ou interrompu, formant bordure. Ventre noir sur les deux tiers médiaires des trois ou quatre premiers arceaux, flave sur le reste. Pieds flaves.

♂ *Arceau anal* presque orbiculaire. Les 5e et 6e à peine échancrés à leur bord apical.

♀ *Arceau anal* avancé en ogive. Les 4e et 5e fortement échancrés en angle aigu jusqu'à la rencontre du 3e. Le 6e échancré dans son tiers postérieur, longitudinalement fendu sur le reste de sa longueur.

Heterogaster graminicola, KOLENATI.
Nysius graminicola, FIEBER, Eur. Hem. 169, 5. — PUTON, Lyg. 15, 1.

Long. 0,0045 (2 l.) ; — larg. 0,0023 (1 l.).

Tête, pronotum et *écusson* d'un flave pâle ou cendré ; marqué de points brunâtres ou nébuleux, souvent affaiblissant peu la couleur foncière : la tête parfois marquée d'une tache longitudinale noire, au côté interne de chaque œil, et d'une raie noire au côté de l'épistome. *Antennes* d'un flave testacé ; à 1er article le plus court, marqué d'une tache noire : les 2e et 3e filiformes ou testacés : le 2e le plus long, noirâtre au sommet : le 4e subfusiforme, d'un flavescent nébuleux, aussi long que le 3e. *Pronotum* creusé, vers le quart de sa longueur, d'une ligne transverse noire, interrompue dans son milieu par une carène assez apparente jusqu'au bord postérieur; parfois parée d'une tache blanchâtre, subtuberculeuse, sur la ligne transverse, entre la ligne médiane et les côtés : sillons juxtalatéraux peu marqués. *Écusson* subtriangulaire, à côtés un peu arqués : marqué au milieu de sa base, d'une fossette ou dépression noirâtre, plus ou moins prononcée, peu ou point relevée en saillie transverse sur les côtés, et suivie, sur les deux tiers postérieurs, d'une carène blanchâtre ou d'un blanc flave. *Endocories* élargies d'avant en arrière, pâles ou d'un pâle blanchâtre. *Cories* de même couleur, un peu élargies en arc dirigé en dehors, après la base; marquées d'un trait transverse brun, souvent interrompu, sur leur bord postérieur. *Hémiélytres* un peu plus longuement prolongées que le corps, voilant la tranche. *Pièces buccales* saillantes, de même couleur sur toute leur longueur, un peu plus longuement prolongées que le bord postérieur de la tête, paraissant souvent offrir un lobe à leur extrémité. *Bec* prolongé jusqu'aux pieds intermédiaires. *Poitrine* noire dans le milieu, d'un flave testacé, sur les côtés. *Ventre* noir, sur les deux tiers médiaires des trois ou quatre premiers arceaux, flave ou d'un flave testacé sur le reste. *Pieds* flaves ou d'un flave testacé.

Cette espèce habite principalement les parties méridionales de notre pays.

3. **Nysius thymi**, WOLFF.

Tête, pronotum et écusson, d'un blanc cendré, marqués de points bruns qui leur donnent une teinte plus ou moins grise : la tête souvent notée, d'une teinte flave sur le vertex. Pronotum rayé d'une ligne transverse brune, interrompue par une carène affaiblie vers sa moitié; marqué d'une tache flave au milieu de ses bords antérieur et postérieur. Écusson obtriangulaire, arqué en dehors à sa base, en ligne droite ou subsinuée postérieurement; chargé postérieurement d'une carène flave. Cories d'un blanc flavescent, opaque, postérieurement parées d'une bordure brune, entière ou interrompue, et marquées de taches brunes sur les nervures. Pieds flaves : cuisses ponctuées de brun ou brunâtre.

♂ 2e à 6e *arceaux du ventre* dirigés en ligne transverse droite, jusqu'au bord marginal.

♀ 4e à 6e *arceaux du ventre* dirigés en ligne oblique, depuis le milieu du bord postérieur du 3e arceau, jusqu'à l'arc marginal.

Lygaeus Thymi, WOLF, Wanzen. p. 147, 143, pl. XV, fig. 143.— FALLEN, Monog. Cimic. Suec. p. 63, 3.
Heterogaster ericae, SCHILLING. Beitr. p. 86, 4, pl. 7, fig. 10.
Heterogaster Thymi, SAHLB. Geoc. 52, 2. — CURTIS, Brit. Ent. t. XIII, 597, 1. — BAERENSP. Catal. p. 9.
Nysius Thymi, FIEBER, Hemipt. p. 169, 3. — PUTON, Catal. p. 20. — WALKER. Catal. pars V, p. 66, 1. — PUTON, Lyg. 16, 3.
Cymus (Arteneis) ericae, FLOR, Rhyn. Livl. I, 292, 2.
Cymus Thymi, ASSMANN, Hemipt. p. 61, 1.
Heraria, AMYOT, Rhynch. p. 158, 165.

Long. 0m0045 (2 l.); — larg. 0m,0022 (1 l.).

Ovale. *Tête, pronotum* et *écusson*, d'un blanc sale ou flavescent, marqués de points bruns ou noirs qui lui donnent une teinte plus ou moins grisâtre ; parfois noté d'une tache noire sur le vertex, avec la partie antérieure de l'épistome flavescente. *Antennes* à 1er article épais, ordinairement brun : les 2e et 3e grêles, d'un flave testacé, avec l'extrémité noire : le 3e subfusiforme, ordinairement brun. *Pronotum* ordinairement noté d'une tache d'un blanc flavescent sur le milieu de son bord antérieur ; rayé d'une ligne transverse brune, interrompue dans son milieu par une carène naissant du bord antérieur, et affaiblie ou peu visible après la ligne transverse et représentée sur le bord postérieur par une tache subtuberculeuse flave ; subconvexe sur les deux tiers postérieurs. *Écusson* obtriangulaire, à côtés arqués en dehors à la base, en ligne droite ou subsinuée postérieurement ; marqué au milieu de sa base, d'une dépression ou fossette, suivie postérieurement d'une carène étroite, flave vers son extrémité. *Endocories* et *cories* d'un blanc sale ou flavescent, un peu opaque : les cories arquées en dehors, un peu après leur base ; parées d'une bordure postérieure brune ou interrompue ; marquées de taches brunes entre les nervures. *Lames buccales* saillantes jusqu'à l'extrémité de la tête. *Bec* prolongé jusqu'aux pieds postérieurs, en partie flave sur sa moitié antérieure, brun à l'extrémité. *Poitrine* grisâtre : antépectus d'un flave pâle. *Ventre* flave sur ses premiers arceaux, et les côtés des autres en grande partie bruns. *Pieds* flaves : cuisses médiocrement renflées, ponctuées de brun.

Cette espèce se trouve dans diverses parties de la France, sur le *Thymus serpyllum*.

Elle offre diverses variétés. Les antennes et le bec varient dans la couleur de leurs articles. Les premières sont parfois toutes d'un flave testacé.

La petite carène de la partie antérieure du pronotum se prolonge quelquefois un peu après sa ligne transverse, en une très fine ligne, et son écusson offre, après la faible dépression du milieu de sa partie antérieure, une saillie transverse plus ou moins apparente.

4. **Nysius senecionis**, Schilling,

Ovalaire ou ovale oblongue. Tête, pronotum et écusson d'un blanc pâle ou flavescent ; marqués de points bruns ou brunâtres, qui leur donnent une teinte plus ou moins grisâtre : la tête souvent notée d'une tache flavescente sur le vertex. Pronotum rayé d'une ligne transverse brune, interrompue dans son milieu par une carène naissant du bord antérieur et prolongée jusqu'à la moitié ; offrant les traces de deux sillons sublatéraux. Ecusson obtriangulaire, ogival ; chargé d'une carène flave sur sa seconde moitié. Cories pâles, transparentes ; parées d'un trait brun, interrompu, servant de bordure au bord postérieur. Lames buccales entières. Ventre brun à la base et sur les côtés, flave sur le reste.

♂ 2e à 6e *arceaux* en ligne transverse droite, vers le bord marginal.

♀ 4e à 6e *arceaux* dirigés en ligne oblique vers le bord marginal depuis le milieu du 3e arceau.

Heterogaster senecionis, SCHILLING, Beitr. 87, 5, pl. 8, fig. 1.
Arteneis cymoides, SPINOLA, Ess. 252, 1.
Nysius senecionis, FIEBER, Eur. Hem., 169, 6. — PUTON, Lyg. 16, 4.

Long. 0m0045 (2 l.); — larg. 0m0022 (1 l.).

Ovalaire ou ovale oblongue. *Tête, pronotum* et *écusson*, d'un blanc flavescent, marqués de points bruns ou brunâtres, voilant peu la couleur foncière : la tête souvent marquée d'une tache longitudinale noire, au côté interne des yeux. *Antennes* flaves : le 4e article subfusiforme, aussi long que le 3e. *Pronotum* rayé d'une ligne transverse brune, interrompue par une carène naissant du bord antérieur et prolongée jusqu'à sa moitié ; ponctué souvent en ligne transverse : offrant souvent les traces de sillons sublatéraux. *Écusson* obtriangulaire, ogival ; chargé d'une carène flave sur sa seconde moitié. *Cories* d'un blanc pâle, transparentes ; marquées d'un trait brun interrompu, servant de bordure à leur bord postérieur ; un peu arquées en dehors, après la base de leur côté externe. *Membrane* hyaline. *Hémiélytres* un peu plus longuement prolongées que le corps, voilant le dessus de l'abdomen. *Dessus de l'abdomen* brun, tranche flave, marquée sur chaque arceau d'un trait transversal brun. *Lames buccales* prolongées jusqu'à la base du dessous de la tête. *Bec* prolongé jusqu'aux pieds postérieurs ; à 1er article flave. *Poitrine* flave, marquée de points bruns : côtés de l'antépectus et une partie du postpectus, bruns. *Ventre* brun, sur les trois premiers arceaux, et flave sur le reste. *Pieds* flaves : cuisses marquées de quelques points bruns : dernier article des tarses noir.

Cette espèce se trouve sur le *Seneçon sylvatique* et sur diverses autres plantes, principalement dans les lieux exposés au soleil.

Elle se distingue de la Nysie du Thym, par la carène du pronotum un peu plus longuement prolongée ; par les côtés de son écusson un peu arqués en dehors jusqu'à l'extrémité ; par ses antennes flavescentes ; par ses cories presque transparentes, sans points bruns sur leurs nervures, etc.

Elle offre diverses variations dans la couleur des articles de son bec et de ses antennes.

L'écusson offre parfois après la fossette du milieu de sa base, une saillie transverse plus ou moins apparente.

5. **Nysius helveticus**, HERRICH-SCHAEFFER.

Oblongue. Tête, pronotum et écusson flaves ou d'un flave testacé; marqués de points brunâtres. Pronotum rayé d'une ligne transverse brune, interrompue dans son milieu, par une fine carène, prolongée sur toute sa longueur, mais affaiblie dans son milieu. Écusson obtriangulaire, à côtés arqués; marqué au milieu de sa base d'une dépression, souvent calleuse à ses extrémités; chargé ensuite d'une carène d'un blanc flave, plus large en devant, rétrécie en arrière. Endocories brunes au point de leur jonction, à leur bord postéreur. Cories d'un livide flavescent, marquées à leur bord postérieur, d'un trait transverse brun, entier ou interrompu. Lames buccales entières. Ventre brun à la base, flave testacé postérieurement. Pieds flaves : cuisses ponctuées de brun.

♂ 2e à 6e *arceaux* dirigés en ligne transverse droite, vers le bord marginal.

♀ 4e à 6e *arceaux* dirigés en ligne oblique vers le bord marginal, à partir du milieu du bord postérieur du 3e arceau.

Cymus helveticus, HERRICH-SCHAEFF. Wanzen, Ent. t. IX, p. 203.
Heterogaster Thymi, HERRICH-SCHAEFF. Sup. Panz. F. G., 135, 13.
Nysius fuliginosus, FIEBER, Hemipt. p. 170, 7. — BAERENSPR. Catal. p. IX. — PUTON, Catal. p. 20.
Nysius obsoletus, FIEBER, Hemipt. p. 170, 9. — BELLEVOIE, Catal. p. 13.
Nysius helveticus, PUTON, Lyg. 17, 5.

Long., 0m,0045 (2 l.) ; — larg., 0m,0022 (7/6 l.).

Oblongue. *Tête, pronotum* et *écusson*, d'un flave testacé ; marqués de petits points brunâtres, laissant dominer la couleur flave : cette couleur parfois plus prononcée sur la ligne médiane de la tête. *Antennes* à 1er article renflé, d'un flave testacé, marqué de taches brunes : les 2e et 3e filiformes et testacés : le 2e subfusiforme, brun, moins long que le 3e.

Pronotum rayé d'une ligne transverse brune, interrompue par une faible carène médiane prolongée sur toute sa longueur, mais souvent affaiblie dans son milieu; offrant près de chaque côté les traces plus ou moins marquées de sillons juxtalatéraux aboutissant à la fossette humérale. *Écusson* en triangle moins long que large, presque ogival, à côtés arqués à la base; noté au milieu de sa base, d'une faible dépression; souvent paré d'un calus flave à chacun de ses côtés ; chargé ensuite d'une carène longitudinale flave, subconvexe, saillante, plus large en devant, prolongée en se rétrécissant jusqu'à l'extrémité. *Endocories* d'un testacé livide ou d'un flave testacé, avec leur bord postérieur brun au point de leur jonction. *Cories* d'un blanc flave, bordées postérieurement d'un trait brun, entier ou interrompu, souvent brunes sur la nervure voisine de leur bord externe. *Hémiélytres* plus longuement prolongées que le corps, voilant la tranche du dessus de l'abdomen. *Membrane* hyaline, chargée de cinq nervures; quelquefois marquée d'une tache brune. *Lames buccales* étendues jusqu'à la base de la tête. *Bec* prolongé jusqu'aux pieds intermédiaires ; à 1er article testacé : le dernier noir. *Poitrine* d'un flave testacé, marquée de points brunâtres. *Ventre* d'un noir ou d'un brun cendré à la base, d'un flave testacé postérieurement. *Pieds* flaves : cuisses ponctuées de brun. *Jambes* et *tarses* flaves : dernier article de ces derniers obscur.

Cette espèce se trouve au pied des plantes basses, dans les montagne et aussi dans les Landes.

Obs. Elle se distingue au premier coup d'œil, par son écusson presque en ogive, à côtés arqués, et chargé depuis le quart ou le tiers de sa longueur, d'une carène d'un blanc flave, plus large en devant et graduellement rétrécie postérieurement; par son pronotum chargé d'une faible carène sur toute sa longueur.

6. **Nysius punctipennis**, Herrich-Schaeffer.

Oblongue. Tête, pronotum et écusson flavescents, marqués de points brunâtres : la tête souvent blanchâtre sur sa ligne médiane : le pronotum creusé d'un sillon transverse, interrompu par une faible carène prolongée jusqu'au bord postérieur; offrant les traces de deux sillons juxtalatéraux prolongés depuis le bord antérieur jusqu'à la fossette humérale. Écusson obtriangulaire, arqué en dehors à sa base, marqué d'une fossette basilaire calleuse à son extrémité, puis chargée d'une carène flave. Hémiélytres à peine prolongées jusqu'à l'extrémité, en ligne droite à leur côté externe, laissant la tranche à découvert. Cories d'un blanc flavescent, bordées de brun postérieurement. Lames buccales nulles postérieurement. Bec pâle à sa base. Ventre brun à la base, flave postérieurement. Pieds flaves : cuisses ponctuées de brun.

♂ 2e à 6e *arceaux* dirigés en ligne transversale droite, vers le bord marginal.

♀ 5e à 6e *arceaux* dirigés en ligne oblique vers le bord marginal, à partir du milieu du 4e arceau.

Heterogaster punctipennis, HERRICH-SCHAEFF. Wanzen, t. IV, p. 75, pl. XXX, fig. 403.
Heterogaster Thymi, SCHILLING. Beitr. p. 85, 3, pl. VII, fig. 9.
Heterogaster punctipennis, HERRICH-SCHAEFF. Wanz. t. IV, p. 75, pl. XXX, fig. 103.
Nysius punctipennis, FIEBER, Hemipt. p. 170, 8. — PUTON, Catal. p. 20. — Lyg. 17, 6.

Long., 0m,0050 (2 1/2 l.) ; — larg., 0m,0020 (7/8 l.).

Oblongue. *Tête*, *pronotum* et *écusson* flaves ou d'un flave testacé marqué de points brunsou brunâtres, qui leur donnent une teinte plus ou moins grise : la tête, souvent blanche ou blanchâtre sur sa ligne médiane, depuis le vertex jusqu'à la partie antérieure de l'épistome. *Antennes* à 1er article épais, d'un testacé brun : les 2e et 3e filiformes et testacés : le 2e souvent brun à l'extrémité : le 4e subfusiforme, d'un flavescent nébuleux, plus long que le 3e. *Pronotum* rayé d'une ligne transversale sulciforme, interrompue dans son milieu par une carène légère, prolongée jusqu'au bord postérieur ; ordinairement bi ou quadrisillonné longitudinalement sur la partie antérieure au sillon transverse ; offrant, depuis le bord antérieur, les traces de sillons juxta latéraux, prolongés jusqu'à la fossette humérale. *Ecusson* obtriangulaire, un peu arqué en dehors à la base de ses côtés, en ligne droite postérieurement ; marqué au milieu de sa base, d'une faible dépression, ordinairement parée à chacune de ses extrémités, d'un calus ou point subtuberculeux ; paré ensuite d'une carène flave, prolongée jusqu'à l'extrémité. *Endocories* un peu élargies d'avant en arrière, d'un flave cendré. *Hémiélytres* un peu moins longuement prolongées que le corps, ou à peine aussi longues que lui, laissant à découvert la tranche du dessus de l'abdomen. *Cories* d'un blanc flavescent; en ligne droite à leur bord externe, c'est-à-dire non arquées en dehors après la base; bordées postérieurement d'un trait brun. *Lames buccales* à peine prolongées jusqu'à la moitié du dessous de la tête, nulles postérieurement. *Bec* prolongé jusqu'aux pieds postérieurs; à 1er article et base du 3e, d'un pâle flave, brun sur le reste. *Poitrine* d'un flave pâle, marquée de points brunâtres. *Ventre* d'un brun cendré sur les deux ou trois premiers arceaux, flave ou d'un flave testacé sur le reste, avec les côtés un peu nébuleux. *Pieds* flaves : cuisses marquées de points bruns.

Cette espèce se trouve sur les collines sèches, au pied du Thym, de la Potentille et de diverses autres plantes.

Obs. Elle se distingue de toutes les autres par son pronotum peu élargi d'avant en arrière; creusé d'un sillon transverse plus profond; par ses hémiélytres plus courtes que le corps ou à peine prolongées jusqu'à son extrémité, en ligne droite à son bord externe et laissant visible la tranche supérieure; par ses lames buccales nulles sur la seconde moitié du dessous de la tête, etc.

Obs. La ligne médiane blanchâtre de la tête est parfois moins apparente.

Chez les individus d'une teinte plus grisâtre, les sillons juxtalatéraux du pronotum sont moins apparents.

TABLEAU MÉTHODIQUE

DES

PUNAISES DE FRANCE

SIXIÈME TRIBU

LES LYGÉIDES

1re famille PYRRHOCORIENS

Genre *Pyrrhocoris*, FALLEN.
apterus, PODA.
aegyptius, LINNÉ.
marginatus, KOLENATI.

2e famille LYGÉENS

1re BRANCHE LYGÉAIRES

Genre *Lygaeus*, FABRICIUS.

S.-genre *Melanospilus*, STAOL.
familiaris, FABRICIUS.

S.-genre *Graptolomus*, STAOL.
equestris, LINNÉ.
militaris, FABRICIUS.
Saundersi, MULSANT et REY.
saxatilis, SCOPOLI.

S.-genre *Melanocoryphus*, STAOL.
apuanus, ROSSI.
ventralis, KOLENATI.
punctato-guttatus, FABRICIUS.

Genre *Graphostethus*, STAOL.
pedestris, SCHILLING.
Kunkeli, MULSANT et REY.

Genre *Lygaeosoma*, SPINOLA.
reticulata, HERR.-SCHAEFFER.

2e BRANCHE AROCATAIRES

Genre *Arocatus*, SPINOLA.
Roeseli, SCHILLING.
melanocephalus, FABRICIUS.

3e BRANCHE ORSILLAIRES

Genre *Orsillus*, DALLAS.
maculatus, FIEBER.
depressus, MULSANT et REY.
Reyi, PUTON.

Genre *Nysius*, DALLAS.
Jacobeae, SCHILLING.
graminicola, FIEBER.
thymi, WOLFF.
senecionis, SCHILLING.
helveticus, HERR.-SCHAEFFER.
punctipennis, HERR.-SCHAEFFER.

TABLE ALPHABÉTIQUE

DES

ESPÈCES DÉCRITES

(PYRRHOCORIENS, LYGÉENS)

LYON. — IMPRIMERIE PITRAT AINÉ, RUE GENTIL, 4.

www.ingramcontent.com/pod-product-compliance
Ingram Content Group UK Ltd.
Pitfield, Milton Keynes, MK11 3LW, UK
UKHW021010200726
13857UKWH00004B/1379

9 782012 889354